사고력도 탄탄! 창의력도 탄탄!
수학 일등의 지름길 「기탄사고력수학」

♛ 단계별·능력별 프로그램식 학습지입니다

유아부터 초등학교 6학년까지 각 단계별로 4~6권씩 총 52권으로 구성되었으며, 처음 시작할 때 나이와 학년에 관계없이 능력별 수준에 맞추어 학습하는 프로그램식 학습지입니다.

♛ 사고력·창의력을 키워 주는 수학 학습지입니다

다양한 사고 단계를 거쳐 문제 해결력을 높여 주며, 개념과 원리를 이해하도록 하여 수학적 사고력을 키워 줍니다. 또 수학적 사고를 바탕으로 스스로 생각하고 깨닫는 창의력을 키워 줍니다.

♛ 유아 과정은 물론 초등학교 수학의 전 영역을 골고루 학습합니다

운필력, 공간 지각력, 수 개념 등 유아 과정부터 시작하여, 초등학교 과정인 수와 연산, 도형 등 수학의 전 영역을 골고루 다루어, 자녀들의 수학적 사고의 폭을 넓히는 데 큰 도움을 줍니다.

♛ 학습 지도 가이드와 다양한 학습 성취도 평가 자료를 수록했습니다

매주, 매달, 매 단계마다 학습 목표에 따른 지도 내용과 지도 요점, 완벽한 해설을 제공하여 학부모님께서 쉽게 지도하실 수 있습니다. 창의력 문제와 수학 경시 대회 예상 문제를 단계별로 수록, 수학 실력을 완성시켜 줍니다.

♛ 과학적 학습 분량으로 공부하는 습관이 몸에 배입니다

하루 10~20분 정도의 과학적 학습량으로 공부에 싫증을 느끼지 않게 하고, 학습에 자신감을 가지도록 하였습니다. 매일 일정 시간 꾸준하게 공부하도록 하면, 시키지 않아도 공부하는 습관이 몸에 배게 됩니다.

「기탄사고력수학」은
체계적이고 장기적인 프로그램으로
꾸준히 학습하면 반드시 성적으로 보답합니다

✿ 스몰 스텝(Small Step)방식으로 꾸준히 학습하면 성적이 올라갑니다

「기탄사고력수학」은 단순히 문제만 나열한 문제집이 아닙니다. 체계적이고 장기적인 학습프로그램을 통해 수학적 사고력과 창의력을 완성시켜 주는 스몰 스텝(Small Step)방식으로 꾸준히 학습하면 반드시 성적이 올라갑니다.

✿ 하루 3장, 10~20분씩 규칙적으로 학습하게 하세요

매일 일정 시간에 일정한 학습량을 꾸준히 재미있게 해야만 학습효과를 높일 수 있습니다. 주별로 분철하기 쉽게 제본되어 있으니, 교재를 구입하시면 먼저 분철하여 일주일 학습 분량만 자녀들에게 나누어 주세요. 그래야만 아이들이 학습 성취감과 자신감을 가질 수 있습니다.

✿ 자녀들의 수준에 알맞은 교재를 선택하세요

〈기탄사고력수학〉은 유아에서 초등학교 6학년까지, 나이와 학년에 관계없이 학습 난이도별로 자신의 능력에 맞는 단계를 선택하여 시작하는 능력별 교재입니다. 그러나 자녀의 수준보다 1~2단계 낮춘 교재부터 시작하면 학습에 더욱 자신감을 갖게 되어 효과적입니다.

교재 구분	교재 구성	대 상
A단계 교재	1, 2, 3, 4집	4세 ~ 5세 아동
B단계 교재	1, 2, 3, 4집	5세 ~ 6세 아동
C단계 교재	1, 2, 3, 4집	6세 ~ 7세 아동
D단계 교재	1, 2, 3, 4집	7세 ~ 초등학교 1학년
E단계 교재	1, 2, 3, 4, 5, 6집	초등학교 1학년
F단계 교재	1, 2, 3, 4, 5, 6집	초등학교 2학년
G단계 교재	1, 2, 3, 4, 5, 6집	초등학교 3학년
H단계 교재	1, 2, 3, 4, 5, 6집	초등학교 4학년
I 단계 교재	1, 2, 3, 4, 5, 6집	초등학교 5학년
J단계 교재	1, 2, 3, 4, 5, 6집	초등학교 6학년

「기탄사고력수학」으로
수학 성적 올리는 일등비법을 공개합니다

✳ 문제를 먼저 풀어 주지 마세요

기탄사고력수학은 직관(전체 감지)을 논리(이론과 구체 연결)로 발전시켜 답을 구하도록 구성되었습니다. 쉽게 문제를 풀지 못하더라도 노력하는 과정에서 더 많은 것을 얻을 수 있으니, 약간의 힌트 외에는 자녀가 스스로 끝까지 문제를 풀어 나갈 수 있도록 격려해 주세요.

✳ 교재는 이렇게 활용하세요

먼저 자녀들의 능력에 맞는 교재를 선택하세요. 그리고 일주일 분량씩 분철하여 매일 3장씩 풀 수 있도록 해 주세요. 한꺼번에 많은 양의 교재를 주시면 어린이가 부담을 느껴서 학습을 미루거나 포기하기 쉽습니다. 적당한 양을 매일매일 학습하도록 하여 수학 공부하는 재미를 느낄 수 있도록 해 주세요.

✳ 교재 학습 과정을 꼭 지켜 주세요

한 주 학습이 끝날 때마다 창의력 문제와 경시 대회 예상 문제를 꼭 풀고 넘어가도록 해 주시고, 한 권(한 달 과정)이 끝나면 성취도 테스트와 종료 테스트를 통해 스스로 실력을 가늠해 볼 수 있도록 도와 주세요. 문제를 다 풀면 반드시 해답지를 이용하여 정확하게 채점해 주시고, 틀린 문제를 체크해 놓았다가 다음에는 확실히 풀 수 있도록 지도해 주세요.

✳ 자녀의 학습 관리를 게을리 하지 마세요

수학적 사고는 하루 아침에 생겨나는 것이 아닙니다. 날마다 꾸준히 규칙적으로 학습해 나갈 때에만 비로소 수학적 사고의 기틀이 마련되는 것입니다. 교육은 사랑입니다. 자녀가 학습한 부분을 어머니께서 꼭 확인하시면서 사랑으로 돌봐 주세요. 부모님의 관심 속에서 자란 아이들만이 성적 향상은 물론 이 사회에서 꼭 필요한 인격체로 성장해 나갈 수 있다는 것도 잊지 마세요.

기탄사고력수학 교재별 학습 내용

A 단계 교재

A - ❶ 교재

나와 가족에 대하여 알기
바른 행동 알기
다양한 선 그리기
다양한 사물 색칠하기
○△□ 알기
똑같은 것 찾기
빠진 것 찾기
종류가 같은 것과 다른 것 찾기
관찰력, 논리력, 사고력 키우기

A - ❷ 교재

필요한 물건 찾기
관계 있는 것 찾기
다양한 기준에 따라 분류하기
(종류, 용도, 모양, 색깔, 재질, 계절, 성질 등)
두 가지 기준에 따라 분류하기
다섯까지 세기
변별력 키우기
미로 통과하기

A - ❸ 교재

다양한 기준으로 비교하기
(길이, 높이, 양, 무게, 크기, 두께, 넓이, 속도, 깊이 등)
시간의 순서 비교하기
반대 개념 알기
3까지의 숫자 배우기
그림 퍼즐 맞추기
미로 통과하기

A - ❹ 교재

최상급 개념 알기
다양한 기준으로 순서 짓기 (크기, 시간, 길이, 두께 등)
네 가지 이상 비교하기
이중 서열 알기
ABAB, ABCABC의 규칙성 알기
다양한 규칙 이해하기
부분과 전체 알기
5까지의 숫자 배우기
일대일 대응, 일대다 대응 알기
미로 통과하기

B 단계 교재

B - ❶ 교재

열까지 세기
9까지의 숫자 배우기
사물의 기본 모양 알기
모양 구성하기
모양 나누기와 합치기
같은 모양, 짝이 되는 모양 찾기
위치 개념 알기 (위, 아래, 앞, 뒤)
위치 파악하기

B - ❷ 교재

9까지의 수량, 수 단어, 숫자 연결하기
구체물을 이용한 수 익히기
반구체물을 이용한 수 익히기
위치 개념 알기 (안, 밖, 왼쪽, 가운데, 오른쪽)
다양한 위치 개념 알기
시간 개념 알기 (낮, 밤)
구체물을 이용한 수와 양의 개념 알기
(같다, 많다, 적다)

B - ❸ 교재

순서대로 숫자 쓰기
거꾸로 숫자 쓰기
1 큰 수와 2 큰 수 알기
1 작은 수와 2 작은 수 알기
반구체물을 이용한 수와 양의 개념 알기
보존 개념 익히기
여러 가지 단위 배우기

B - ❹ 교재

순서수 알기
사물의 입체 모양 알기
입체 모양 나누기
두 수의 크기 비교하기
여러 수의 크기 비교하기
0의 개념 알기
0부터 9까지의 수 익히기

C - ❶ 교재	C - ❷ 교재
구체물을 통한 수 가르기 반구체물을 통한 수 가르기 숫자를 도입한 수 가르기 구체물을 통한 수 모으기 반구체물을 통한 수 모으기 숫자를 도입한 수 모으기	수 가르기와 모으기 여러 가지 방법으로 수 가르기 수 모으고 다시 수 가르기 수 가르고 다시 수 모으기 더해 보기 세로로 더해 보기 빼 보기 세로로 빼 보기 더해 보기와 빼 보기 바꾸어서 셈하기
C - ❸ 교재	**C - ❹ 교재**
길이 측정하기　　높이 측정하기 넓이 측정하기　　크기 측정하기 둘레 측정하기　　무게 측정하기 부피 측정하기　　들이 측정하기 활동 시간 알아보기　시간의 순서 알아보기 여러 가지 측정하기	열 개 열 개 만들어 보기 열 개 묶어 보기 자리 알아보기 수 ‘10’ 알아보기 10의 크기 알아보기 더하여 10이 되는 수 알아보기 열다섯까지 세어 보기 스물까지 세어 보기

D - ❶ 교재	D - ❷ 교재
수 11~20 알기 11~20까지의 수 알기 30까지의 수 알아보기 자릿값을 이용하여 30까지의 수 나타내기 40까지의 수 알아보기 자릿값을 이용하여 40까지의 수 나타내기 자릿값을 이용하여 50까지의 수 나타내기 50까지의 수 알아보기	상자 모양, 공 모양, 둥근기둥 모양 알아보기 공간 위치 알아보기 입체도형으로 모양 만들기 여러 방향에서 본 모습 관찰하기 평면도형 알아보기 선대칭 모양 알아보기 모양 만들기와 탱그램
D - ❸ 교재	**D - ❹ 교재**
덧셈 이해하기 100이 되는 더하기 여러 가지로 더해 보기 덧셈 익히기 뺄셈 이해하기 10에서 빼기 여러 가지로 빼 보기 뺄셈 익히기	조사하여 기록하기 그래프의 이해 그래프의 활용 분수의 이해 시간 느끼기 사건의 순서 알기 소요 시간 알아보기 달력 보기 시계 보기 활동한 시간 알기

기탄 *사고력* 수학 교재별 학습 내용

E 단계 교재

E - ❶ 교재	E - ❷ 교재	E - ❸ 교재
사물의 개수를 세어 보고 1, 2, 3, 4, 5 알아보기 0의 개념과 0~5까지의 수의 순서 알기 하나 더 많다, 적다의 개념 알기 두 수의 크기 비교하기 사물의 개수를 세어 보고 6, 7, 8, 9 알아보기 0~9까지의 수의 순서 알기 하나 더 많다, 적다의 개념 알기 두 수의 크기 비교하기 여러 가지 모양 알아보기, 찾아보기, 만들어 보기 규칙 찾기	두 수로 가르기 두 수를 모으기 가르기와 모으기 덧셈식 알아보기 뺄셈식 알아보기 길이 비교해 보기 높이 비교해 보기 들이 비교해 보기 무게 비교해 보기 넓이 비교해 보기	수 10(십) 알아보기 19까지의 수 알아보기 몇십과 몇십 몇 알아보기 물건의 수 세기 50까지 수의 순서 알아보기 두 수의 크기 비교하기 분류하기 분류하여 세어 보기
E - ❹ 교재	**E - ❺ 교재**	**E - ❻ 교재**
수 60, 70, 80, 90 99까지의 수 수의 순서 두 수의 크기 비교 여러 가지 모양 알아보기, 찾아보기 여러 가지 모양 만들기, 그리기 규칙 찾기 10을 두 수로 가르기 10이 되도록 두 수를 모으기	100이 되는 더하기 10에서 빼기 세 수의 덧셈과 뺄셈 (몇십)+(몇), (몇십 몇)+(몇), (몇십 몇)+(몇십 몇) (몇십 몇)−(몇), (몇십 몇)−(몇십 몇) 긴바늘, 짧은바늘 알아보기 몇 시 알아보기 몇 시 30분 알아보기	세 수의 덧셈 받아올림이 있는 (몇)+(몇) 받아내림이 있는 (십 몇)−(몇) 세 수의 계산 덧셈식, 뺄셈식 만들기 □가 있는 덧셈식, 뺄셈식 만들기 여러 가지 방법으로 해결하기

F 단계 교재

F - ❶ 교재	F - ❷ 교재	F - ❸ 교재
백(100)과 몇백(200, 300, ……)의 개념 이해 세 자리 수와 뛰어 세기의 이해 세 자리 수의 크기 비교 받아올림이 있는 (두 자리 수)+(한 자리 수)의 계산 받아내림이 있는 (두 자리 수)−(한 자리 수)의 계산 세 수의 덧셈과 뺄셈 선분과 직선의 차이 이해 사각형, 삼각형, 원 등의 여러 가지 모양 쌓기나무로 똑같이 쌓아 보고 여러 가지 모양 만들기 배열 순서에 따라 규칙 찾아내기	받아올림이 있는 (두 자리 수)+(두 자리 수)의 계산 받아내림이 있는 (두 자리 수)−(두 자리 수)의 계산 여러 가지 방법으로 계산하고 세 수의 혼합 계산 길이 비교와 단위길이의 비교 길이의 단위(cm) 알기 길이 재기와 길이 어림하기 어떤 수를 □로 나타내기 덧셈식 · 뺄셈식에서 □의 값 구하기 어떤 수를 구하는 식 만들기 식에 알맞은 문제 만들기	시각 읽기 시각과 시간의 차이 알기 하루의 시간 알기 달력을 보며 1년 알기 몇 시 몇 분 전 알기 반 시간 알기 묶어 세기 몇 배 알아보기 더하기를 곱하기로 나타내기 덧셈식과 곱셈식으로 나타내기
F - ❹ 교재	**F - ❺ 교재**	**F - ❻ 교재**
2~9의 단 곱셈구구 익히기 1의 단 곱셈구구와 0의 곱 곱셈표에서 규칙 찾기 받아올림이 없는 세 자리 수의 덧셈 받아내림이 없는 세 자리 수의 뺄셈 여러 가지 방법으로 계산하기 미터(m)와 센티미터(cm) 길이 재기 길이 어림하기 길이의 합과 차	받아올림이 있는 세 자리 수의 덧셈 받아내림이 있는 세 자리 수의 뺄셈 여러 가지 방법으로 덧셈 · 뺄셈하기 세 수의 혼합 계산 똑같이 나누기 전체와 부분의 크기 분수의 쓰기와 읽기 분수만큼 색칠하고 분수로 나타내기 표와 그래프로 나타내기 조사하여 표와 그래프로 나타내기	□가 있는 곱셈식을 만들어 문제 해결하기 규칙을 찾아 문제 해결하기 거꾸로 생각하여 문제 해결하기

G – ❶ 교재	G – ❷ 교재	G – ❸ 교재
1000의 개념 알기 몇천, 네 자리 수 알기 수의 자릿값 알기 뛰어 세기, 두 수의 크기 비교 세 자리 수의 덧셈 덧셈의 여러 가지 방법 세 자리 수의 뺄셈 뺄셈의 여러 가지 방법 각과 직각의 이해 직각삼각형, 직사각형, 정사각형의 이해	똑같이 묶어 덜어 내기와 똑같게 나누기 나눗셈의 몫 곱셈과 나눗셈의 관계 나눗셈의 몫을 구하는 방법 나눗셈의 세로 형식 곱셈을 활용하여 나눗셈의 몫 구하기 평면도형 밀기, 뒤집기, 돌리기 평면도형 뒤집고 돌리기 (몇십)×(몇)의 계산 (두 자리 수)×(한 자리 수)의 계산	분수만큼 알기와 분수로 나타내기 몇 개인지 알기 분수의 크기 비교 mm 단위를 알기와 mm 단위까지 길이 재기 km 단위를 알기 km, m, cm, mm의 단위가 있는 길이의 합과 차 구하기 시각과 시간의 개념 알기 1초의 개념 알기 시간의 합과 차 구하기
G – ❹ 교재	G – ❺ 교재	G – ❻ 교재
(네 자리 수)+(세 자리 수) (네 자리 수)+(네 자리 수) (네 자리 수)−(세 자리 수) (네 자리 수)−(네 자리 수) 세 수의 덧셈과 뺄셈 (세 자리 수)×(한 자리 수) (몇십)×(몇십) / (두 자리 수)×(몇십) (두 자리 수)×(두 자리 수) 원의 중심과 반지름 / 그리기 / 지름 / 성질	(몇십)÷(몇) 내림이 없는 (몇십 몇)÷(몇) 나눗셈의 몫과 나머지 나눗셈식의 검산 / (몇십 몇)÷(몇) 들이 / 들이의 단위 들이의 어림하기와 합과 차 무게 / 무게의 단위 무게의 어림하기와 합과 차 0.1 / 소수 알아보기 소수의 크기 비교하기	막대그래프 막대그래프 그리기 그림그래프 그림그래프 그리기 알맞은 그래프로 나타내기 규칙을 정해 무늬 꾸미기 규칙을 찾아 문제 해결 표를 만들어서 문제 해결 예상과 확인으로 문제 해결

H – ❶ 교재	H – ❷ 교재	H – ❸ 교재
만 / 다섯 자리 수 / 십만, 백만, 천만 억 / 조 / 큰 수 뛰어서 세기 두 수의 크기 비교 100, 1000, 10000, 몇백, 몇천의 곱 (세,네 자리 수)×(두 자리 수) 세 수의 곱셈 / 몇십으로 나누기 (두,세 자리 수)÷(두 자리 수) 각의 크기 / 각 그리기 / 각도의 합과 차 삼각형의 세 각의 크기의 합 사각형의 네 각의 크기의 합	이등변삼각형 / 이등변삼각형의 성질 정삼각형 / 예각과 둔각 예각삼각형 / 둔각삼각형 덧셈, 뺄셈 또는 곱셈, 나눗셈이 섞여 있는 혼합 계산 덧셈, 뺄셈, 곱셈, 나눗셈이 섞여 있는 혼합 계산 ( ), { }가 있는 혼합 계산 분수와 진분수 / 가분수와 대분수 대분수를 가분수로, 가분수를 대분수로 나타내기 분모가 같은 분수의 크기 비교	소수 소수 두 자리 수 소수 세 자리 수 소수 사이의 관계 소수의 크기 비교 규칙을 찾아 수로 나타내기 규칙을 찾아 글로 나타내기 새로운 무늬 만들기
H – ❹ 교재	H – ❺ 교재	H – ❻ 교재
분모가 같은 진분수의 덧셈 분모가 같은 대분수의 덧셈 분모가 같은 진분수의 뺄셈 분모가 같은 대분수의 뺄셈 분모가 같은 대분수와 진분수의 덧셈과 뺄셈 소수의 덧셈 / 소수의 뺄셈 수직과 수선 / 수선 긋기 평행선 / 평행선 긋기 평행선 사이의 거리	사다리꼴 / 평행사변형 / 마름모 직사각형과 정사각형의 성질 다각형과 정다각형 / 대각선 여러 가지 모양 만들기 여러 가지 모양으로 덮기 직사각형과 정사각형의 둘레 $1cm^2$ / 직사각형과 정사각형의 넓이 여러 가지 도형의 넓이 이상과 이하 / 초과와 미만 / 수의 범위 올림과 버림 / 반올림 / 어림의 활용	꺾은선그래프 꺾은선그래프 그리기 물결선을 사용한 꺾은선그래프 물결선을 사용한 꺾은선그래프 그리기 알맞은 그래프로 나타내기 꺾은선그래프의 활용 두 수 사이의 관계 두 수 사이의 관계를 식으로 나타내기 문제를 해결하고 풀이 과정을 설명하기

기탄사고력수학 교재별 학습 내용

Ⅰ 단계 교재

Ⅰ - ❶ 교재	Ⅰ - ❷ 교재	Ⅰ - ❸ 교재
약수 / 배수 / 배수와 약수의 관계 공약수와 최대공약수 공배수와 최소공배수 크기가 같은 분수 알기 크기가 같은 분수 만들기 분수의 약분 / 분수의 통분 분수의 크기 비교 / 진분수의 덧셈 대분수의 덧셈 / 진분수의 뺄셈 대분수의 뺄셈 / 세 분수의 덧셈과 뺄셈	세 분수의 덧셈과 뺄셈 (진분수)×(자연수) / (대분수)×(자연수) (자연수)×(진분수) / (자연수)×(대분수) (단위분수)×(단위분수) (진분수)×(진분수) / (대분수)×(대분수) 세 분수의 곱셈 / 합동인 도형의 성질 합동인 삼각형 그리기 면, 모서리, 꼭짓점 직육면체와 정육면체 직육면체의 성질 / 겨냥도 / 전개도	평행사변형의 넓이 삼각형의 넓이 사다리꼴의 넓이 마름모의 넓이 넓이의 단위 m^2, a 넓이의 단위 ha, km^2 넓이의 단위 관계 무게의 단위
Ⅰ - ❹ 교재	Ⅰ - ❺ 교재	Ⅰ - ❻ 교재
분수와 소수의 관계 분수를 소수로, 소수를 분수로 나타내기 분수와 소수의 크기 비교 1÷(자연수)를 곱셈으로 나타내기 (자연수)÷(자연수)를 곱셈으로 나타내기 (진분수)÷(자연수) / (가분수)÷(자연수) (대분수)÷(자연수) 분수와 자연수의 혼합 계산 선대칭도형/선대칭의 위치에 있는 도형 점대칭도형/점대칭의 위치에 있는 도형	(소수)×(자연수) / (자연수)×(소수) 곱의 소수점의 위치 (소수)×(소수) 소수의 곱셈 (소수)÷(자연수) (자연수)÷(자연수) 줄기와 잎 그림 그림그래프 평균 자료를 그래프로 나타내고 설명하기	두 수의 크기 비교 비율 백분율 할푼리 실제로 해 보기와 표 만들기 그림 그리기와 식 만들기 예상하고 확인하기와 표 만들기 실제로 해 보기와 규칙 찾기

J 단계 교재

J - ❶ 교재	J - ❷ 교재	J - ❸ 교재
(자연수)÷(단위분수) 분모가 같은 진분수끼리의 나눗셈 분모가 다른 진분수끼리의 나눗셈 (자연수)÷(진분수) / 대분수의 나눗셈 분수의 나눗셈 활용하기 소수의 나눗셈 / (자연수)÷(소수) 소수의 나눗셈에서 나머지 반올림한 몫 입체도형과 각기둥 / 각뿔 각기둥의 전개도 / 각뿔의 전개도	쌓기나무의 개수 쌓기나무의 각 자리, 각 층별로 나누어 개수 구하기 규칙 찾기 쌓기나무로 만든 것, 여러 가지 입체도형, 여러 가지 생활 속 건축물의 위, 앞, 옆 에서 본 모양 원주와 원주율 / 원의 넓이 띠그래프 알기 / 띠그래프 그리기 원그래프 알기 / 원그래프 그리기	비례식 비의 성질 가장 작은 자연수의 비로 나타내기 비례식의 성질 비례식의 활용 연비 두 비의 관계를 연비로 나타내기 연비의 성질 비례배분 연비로 비례배분
J - ❹ 교재	J - ❺ 교재	J - ❻ 교재
(소수)÷(분수) / (분수)÷(소수) 분수와 소수의 혼합 계산 원기둥 / 원기둥의 전개도 원뿔 회전체 / 회전체의 단면 직육면체와 정육면체의 겉넓이 부피의 비교 / 부피의 단위 직육면체와 정육면체의 부피 부피의 큰 단위 부피와 들이 사이의 관계	원기둥의 겉넓이 원기둥의 부피 경우의 수 순서가 있는 경우의 수 여러 가지 경우의 수 확률 미지수를 x로 나타내기 등식 알기 / 방정식 알기 등식의 성질을 이용하여 방정식 풀기 방정식의 활용	두 수 사이의 대응 관계 / 정비례 정비례를 활용하여 생활 문제 해결하기 반비례 반비례를 활용하여 생활 문제 해결하기 그림을 그리거나 식을 세워 문제 해결하기 거꾸로 생각하거나 식을 세워 문제 해결하기 표를 작성하거나 예상과 확인을 통하여 문제 해결하기 여러 가지 방법으로 문제 해결하기 새로운 문제를 만들어 풀어 보기

학습 관리표

학습 내용		이번 주는?
삼각형	· 이등변삼각형 · 이등변삼각형의 성질 · 정삼각형 · 예각과 둔각 · 예각삼각형 · 둔각삼각형 · 창의력 학습 · 경시대회 예상문제	• 학습 방법 : ① 매일매일 ② 가끔 ③ 한꺼번에 　　　　　　하였습니다. • 학습 태도 : ① 스스로 잘 ② 시켜서 억지로 　　　　　　하였습니다. • 학습 흥미 : ① 재미있게 ② 싫증내며 　　　　　　하였습니다. • 교재 내용 : ① 적합하다고 ② 어렵다고 ③ 쉽다고 　　　　　　하였습니다.
지도 교사가 부모님께		부모님이 지도 교사께
평가	Ⓐ 아주 잘함　　　Ⓑ 잘함	Ⓒ 보통　　　Ⓓ 부족함

원(교)　　　　　반　　이름　　　　　　전화

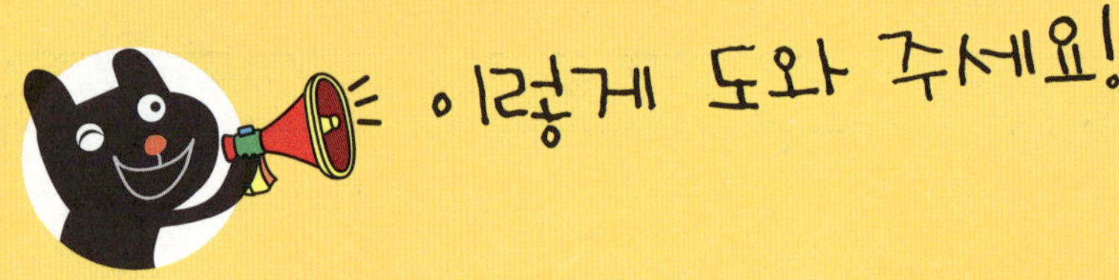

● 학습 목표
- 이등변삼각형의 개념을 형성할 수 있습니다.
- 정삼각형의 개념을 형성할 수 있습니다.
- 예각과 둔각의 개념을 형성할 수 있습니다.
- 예각삼각형과 둔각삼각형의 개념을 형성할 수 있습니다.

● 지도 내용
- 두 변의 길이가 같은 삼각형이 이등변삼각형임을 알게 합니다.
- 이등변삼각형은 두 변의 길이와 두 각의 크기가 같음을 알게 합니다.
- 세 변의 길이가 같은 삼각형이 정삼각형임을 알게 합니다.
- 정삼각형은 세 각의 크기가 같음을 알고 정삼각형을 그릴 수 있게 합니다.
- 예각과 둔각을 알고 그릴 수 있게 합니다.
- 예각삼각형과 둔각삼각형을 알고 그릴 수 있게 합니다.

● 지도 요점
본 단원에서 학습한 삼각형에 대한 여러 가지 속성들은 나중에 배우게 되는 사각형과 다각형의 기초가 되고, 직육면체, 정육면체, 도형의 합동과 대칭을 배울 때에도 기초가 되므로 명확하게 개념 정립을 하고 넘어갈 수 있도록 지도합니다.

✿ 이름 :

✿ 날짜 :

✿ 시간 :　시　분 ~ 　시　분

확인

◆ **이등변삼각형** ◆

두 변의 길이가 같은 삼각형을 이등변삼각형이라고 합니다.

1 이등변삼각형을 모두 찾아 쓰시오.

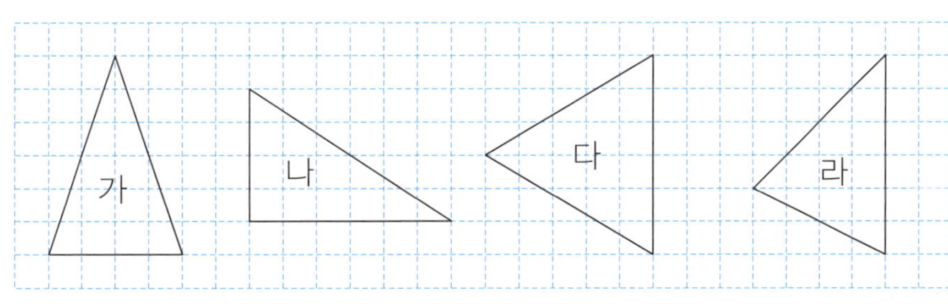

[답]

🐸 삼각형의 변의 길이를 재어 보고 이등변삼각형이면 ○표, 이등변삼각형이 아니면 ×표 하시오. [2~3]

2

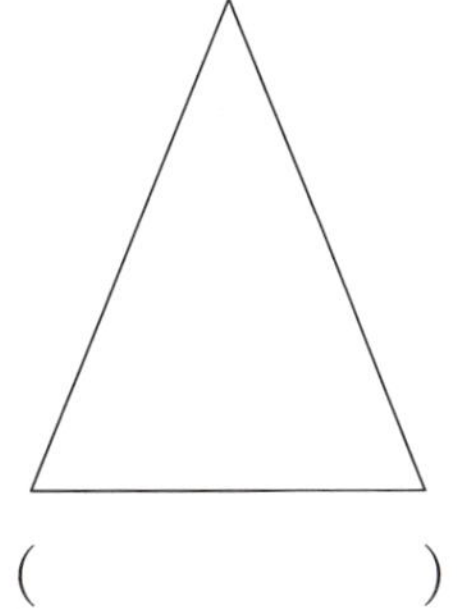

(　　　　　)

3

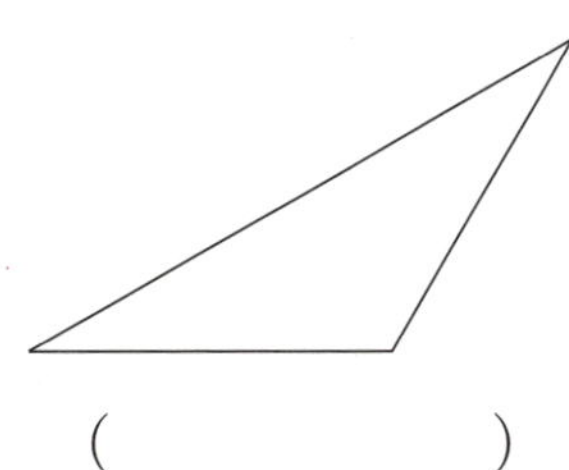

(　　　　　)

사고력 학습

4 다음 중 이등변삼각형을 모두 찾아 쓰시오.

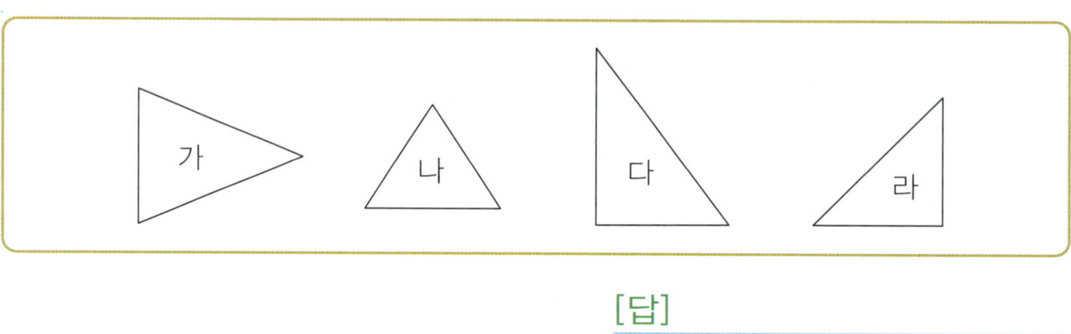

[답] ________________

5 주어진 선분을 한 변으로 하여 이등변삼각형을 그리시오.

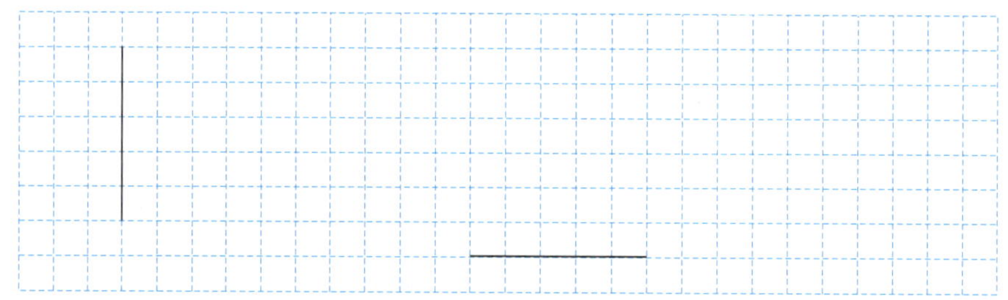

6 주어진 선분을 한 변으로 하는 이등변삼각형을 그리시오.

____

◆ 이등변삼각형의 성질(1) ◆

> 이등변삼각형은 두 변의 길이가 같고, 두 각의 크기도 같습니다.

1 다음 도형은 이등변삼각형입니다. 변 ㄱㄷ의 길이는 몇 cm입니까?

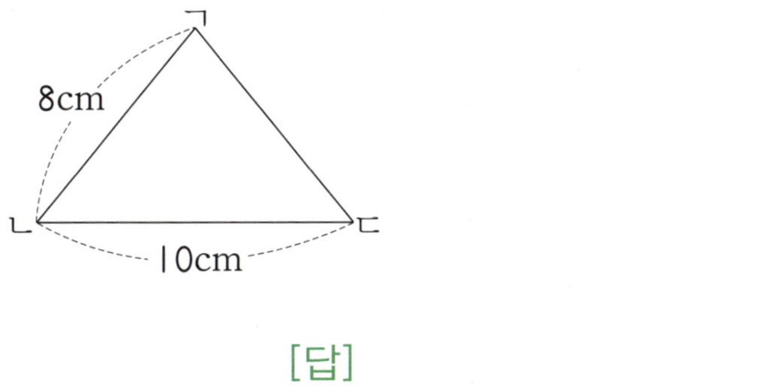

[답]

2 다음 도형은 이등변삼각형입니다. ☐ 안에 알맞은 수를 써넣으시오.

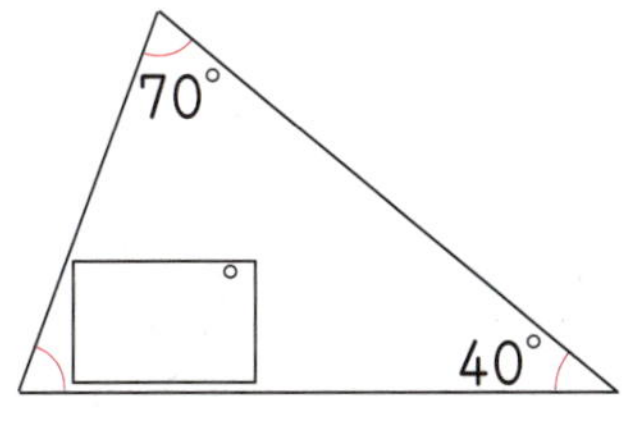

3 다음 도형은 이등변삼각형입니다. ☐ 안에 알맞은 수를 써넣으시오.

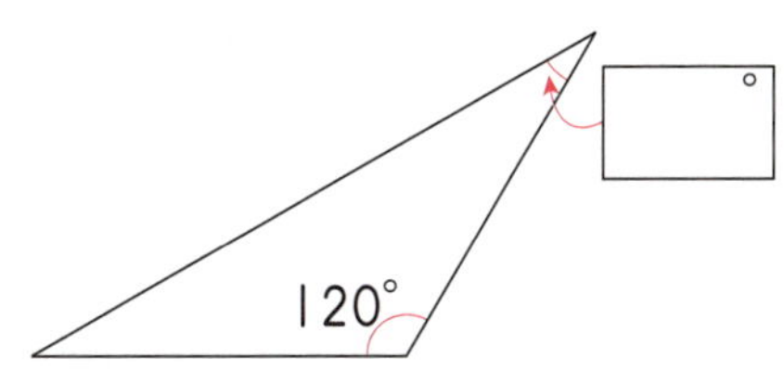

사고력 학습

4 이등변삼각형을 모두 찾아 쓰시오.

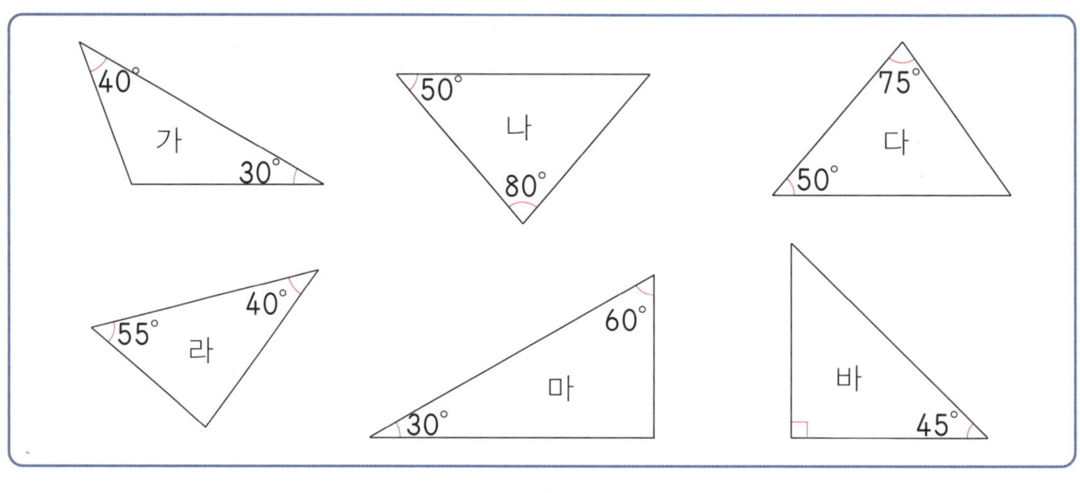

[답]

5 다음 도형은 이등변삼각형입니다. ㉠의 크기는 몇 도입니까?

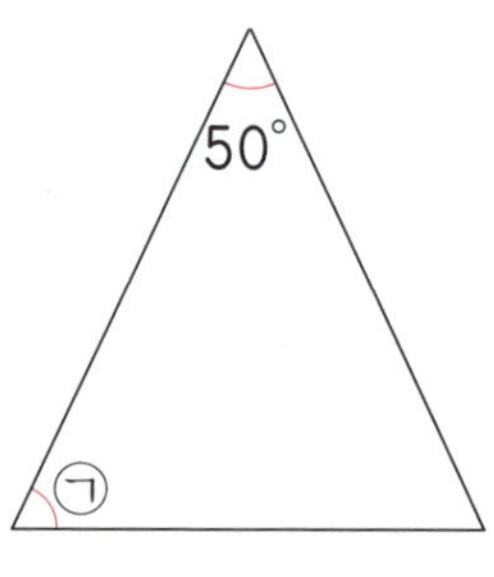

[답]

◆ 이등변삼각형의 성질(2) ◆

1 □ 안에 알맞은 수를 써넣으시오.

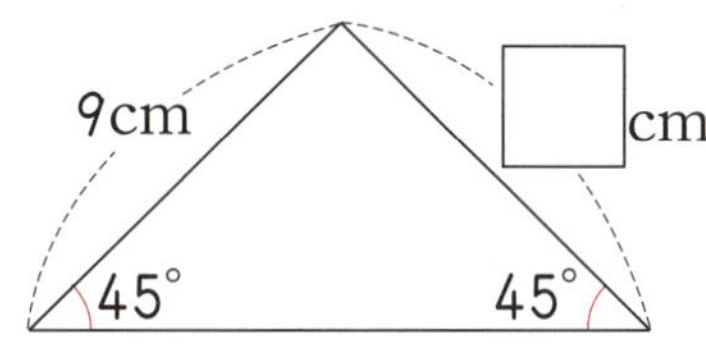

2 □ 안에 알맞은 수를 써넣으시오.

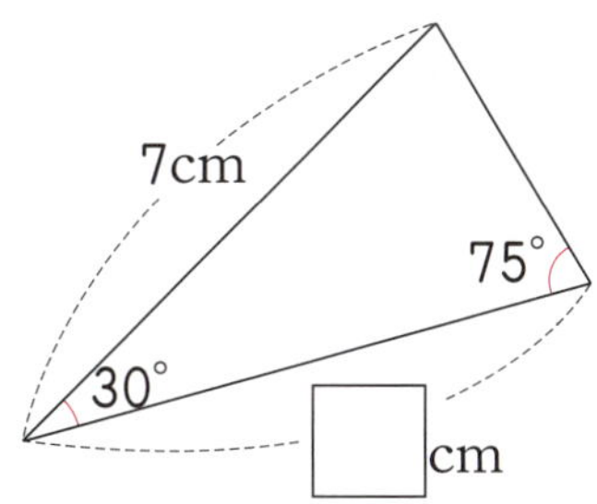

3 다음 삼각형은 이등변삼각형입니다. 세 변의 길이의 합을 구하시오.

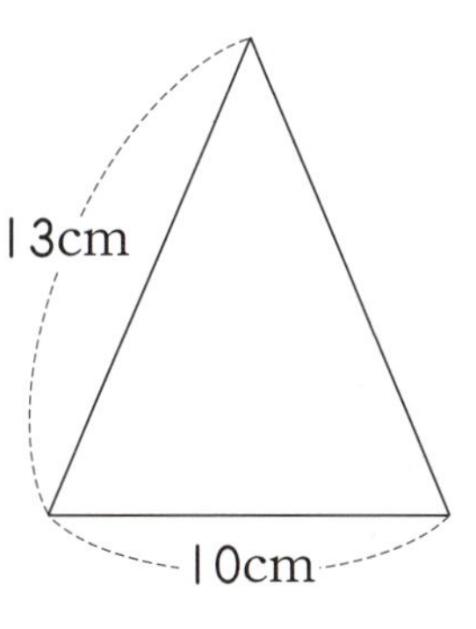

[답]

4 삼각형 ㄱㄴㄷ은 이등변삼각형입니다. 삼각형의 세 변의 길이의 합이 50cm 라면 변 ㄱㄴ의 길이는 몇 cm입니까?

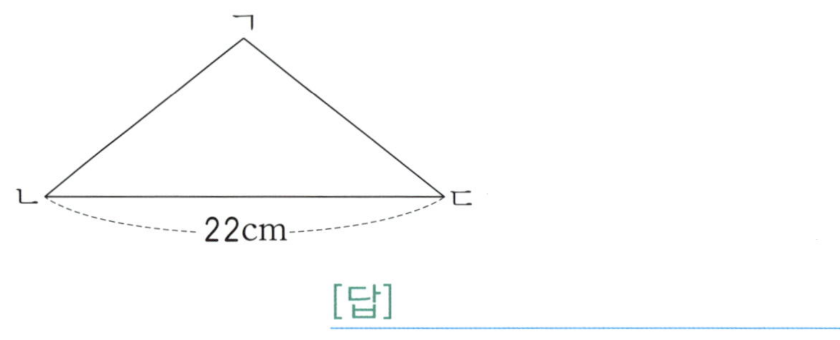

[답] ________________________

5 다음 삼각형은 이등변삼각형입니다. ☐ 안에 알맞은 수를 써넣으시오.

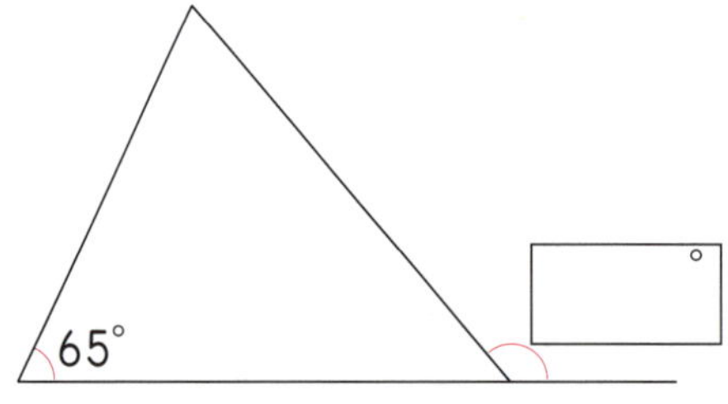

6 세 변의 길이의 합이 45cm인 이등변삼각형이 있습니다. 길이가 다른 나머지 한 변이 17cm일 때, 길이가 같은 두 변은 각각 몇 cm입니까?

[답] ________________________

사고력 학습

H-64a

◆ 정삼각형(1) ◆

> 세 변의 길이가 같은 삼각형을 정삼각형이라고 합니다.

1 다음에서 정삼각형을 찾아 ○표 하시오.

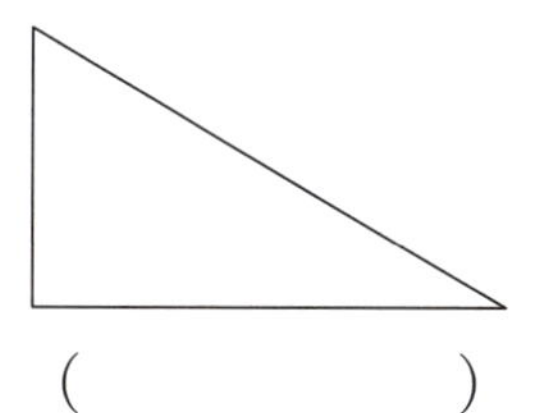

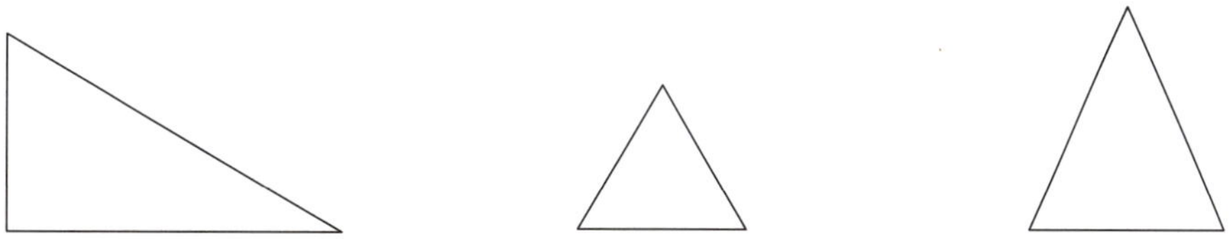

(   )   (   )   (   )

2 다음에서 정삼각형을 모두 찾아 쓰시오.

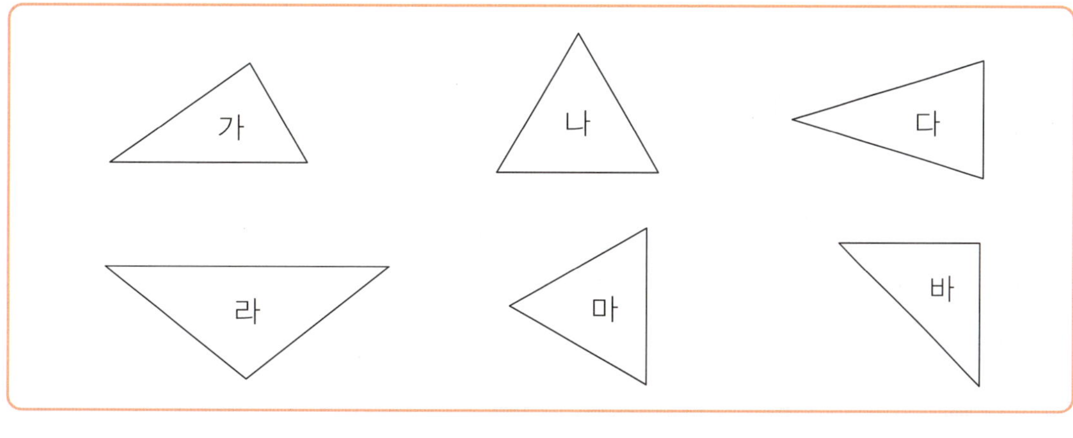

[답]

사고력 학습

🐸 다음은 정삼각형입니다. ☐ 안에 알맞은 수를 써넣으시오. [3~6]

3

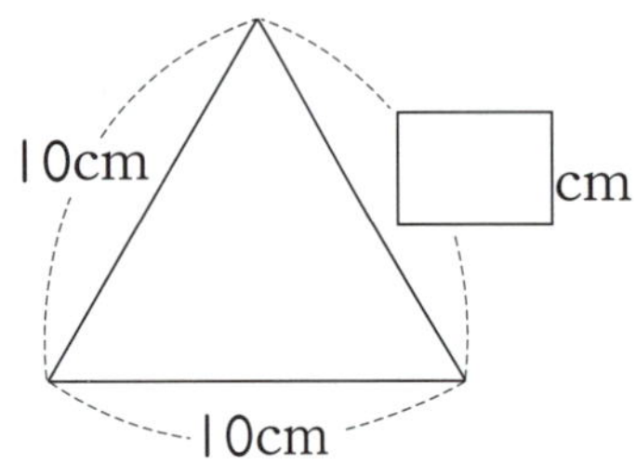

4

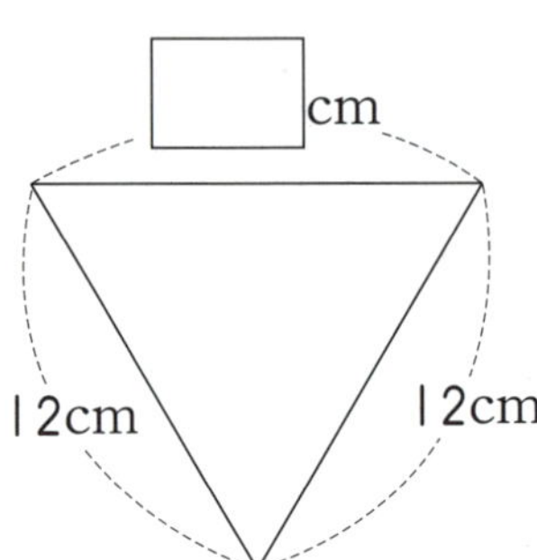

5

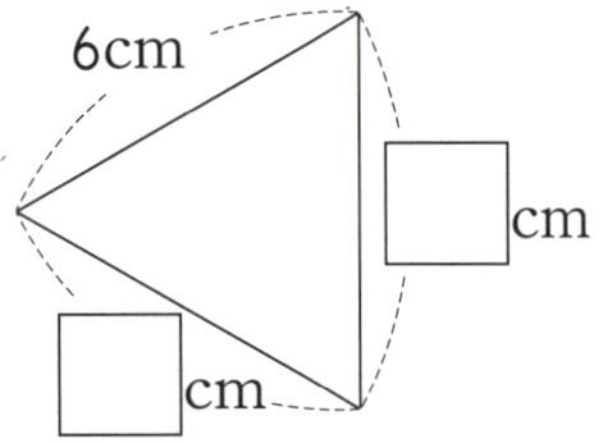

6

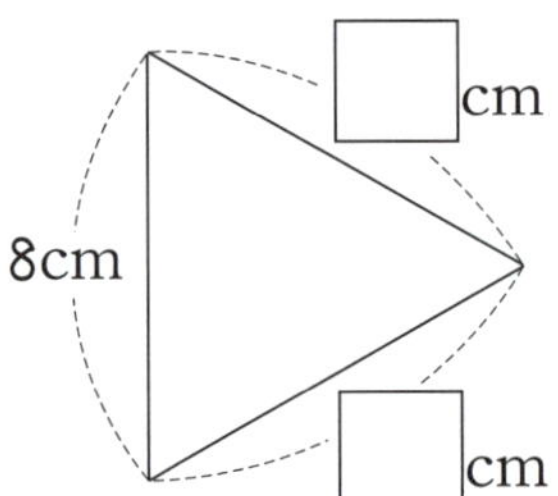

7 주어진 선분을 한 변으로 하여 정삼각형을 그려 보시오.

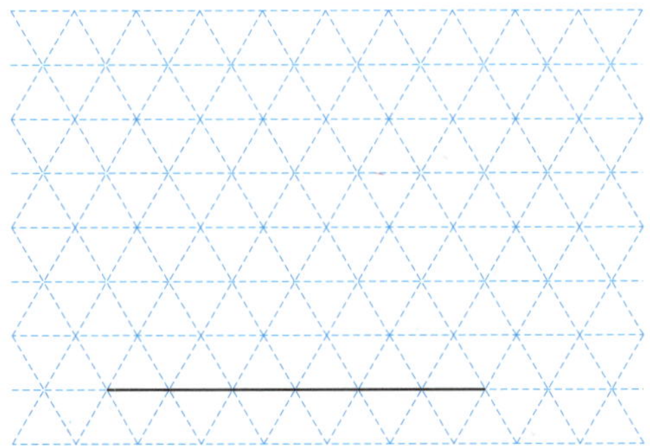

사고력 학습

◆ 정삼각형(2) ◆

1 다음 조건을 모두 만족하는 도형의 이름을 쓰시오.

> • 삼각형입니다.
> • 세 변의 길이가 모두 같습니다.
> • 세 각의 크기가 모두 같습니다.

[답]

다음은 정삼각형입니다. □ 안에 알맞은 수를 써넣으시오. [2~3]

2
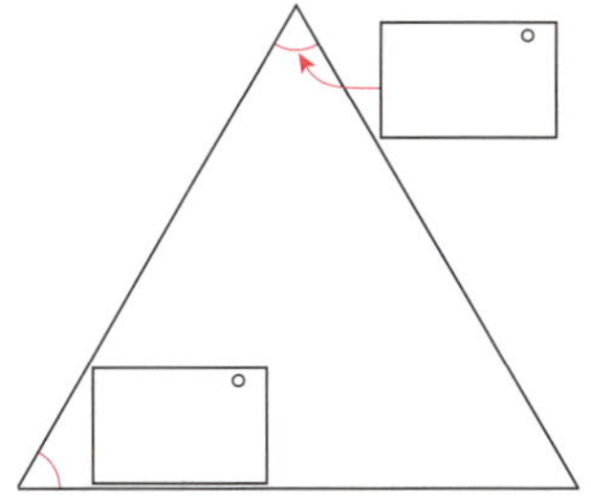

3
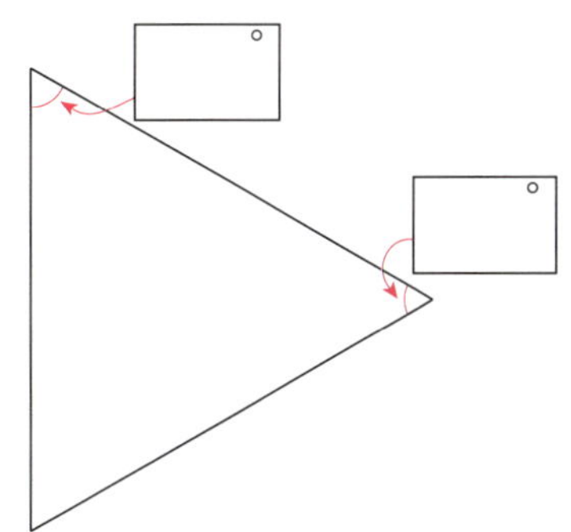

4 한 변의 길이가 5cm인 정삼각형이 있습니다. 다른 두 변의 길이는 각각 몇 cm입니까?

[답]

5 다음은 정삼각형입니다. 세 변의 길이의 합은 몇 cm입니까?

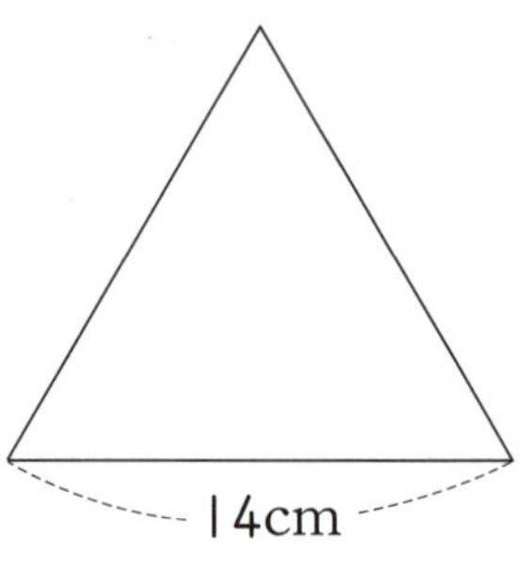

[답] ________________________

6 한 변의 길이가 9cm인 정삼각형의 세 변의 길이의 합은 몇 cm입니까?

[답] ________________________

7 다음 삼각형의 세 변의 길이의 합은 39cm입니다. 한 변의 길이는 몇 cm입니까?

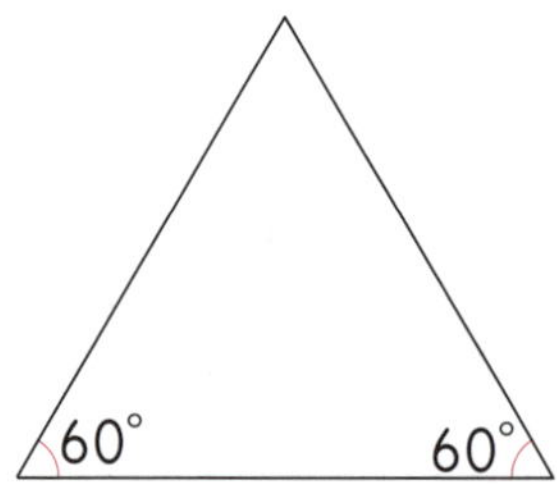

[답] ________________________

이름 :

날짜 :

시간 : 시 분 ~ 시 분

확인

◆ **정삼각형(3)** ◆

1 한 변의 길이가 2cm인 정삼각형을 그리려고 합니다. 순서에 맞게 기호를 쓰시오.

> ㉠ 선분의 두 끝점을 중심으로 반지름의 길이가 2cm인 원의 일부분을 각각 그립니다.
> ㉡ 길이가 2cm인 선분을 그립니다.
> ㉢ 원의 일부분이 만난 점과 양 끝점을 각각 이어 삼각형을 그립니다.

[답]

2 컴퍼스를 이용하여 주어진 선분을 한 변으로 하는 정삼각형을 그려 보시오.

3 한 변의 길이가 3cm인 정삼각형을 그려 보시오.

4 삼각형 ㄱㄴㄷ은 정삼각형입니다. □ 안에 알맞은 수를 써넣으시오.

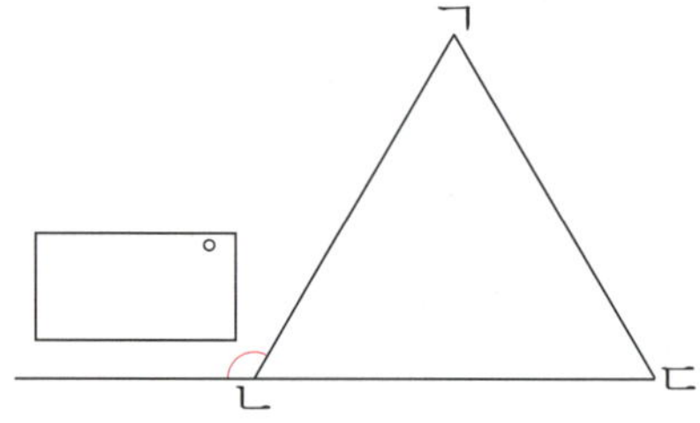

5 정삼각형은 이등변삼각형입니다. 그 이유를 쓰시오.

6 길이가 27cm인 철사를 사용하여 가장 큰 정삼각형을 만들었습니다. 이 정삼각형의 한 변의 길이는 몇 cm입니까?

[답]

사고력 학습

◆ 예각과 둔각(1) ◆

- 직각보다 작은 각을 예각이라고 합니다.
- 직각보다 크고 180°보다 작은 각을 둔각이라고 합니다.

🐸 다음 각을 보고 물음에 답하시오. [1~2]

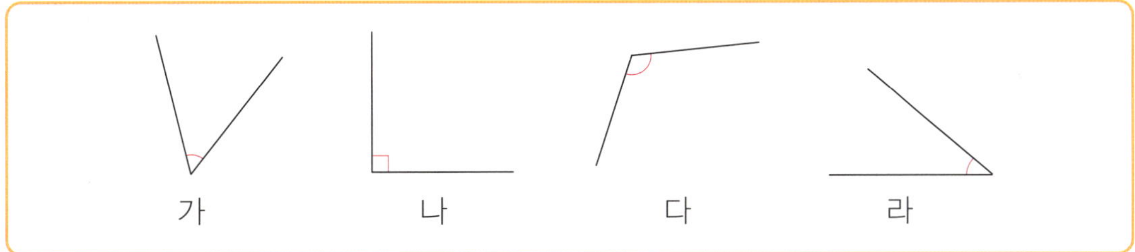

1 예각을 모두 찾아 쓰시오.

[답]

2 둔각을 찾아 쓰시오.

[답]

🐸 주어진 선분을 한 변으로 하여 예각을 그려 보시오. [3~4]

3

4

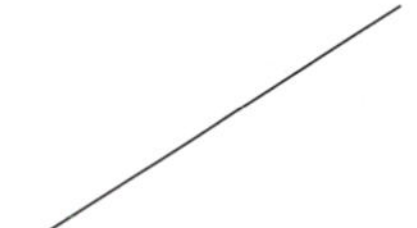

🐸 주어진 선분을 한 변으로 하여 둔각을 그려 보시오. [5~6]

5

6

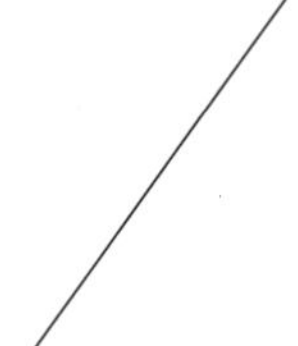

🐸 다음 각의 크기가 예각이면 '예', 둔각이면 '둔' 이라고 쓰시오. [7~10]

7

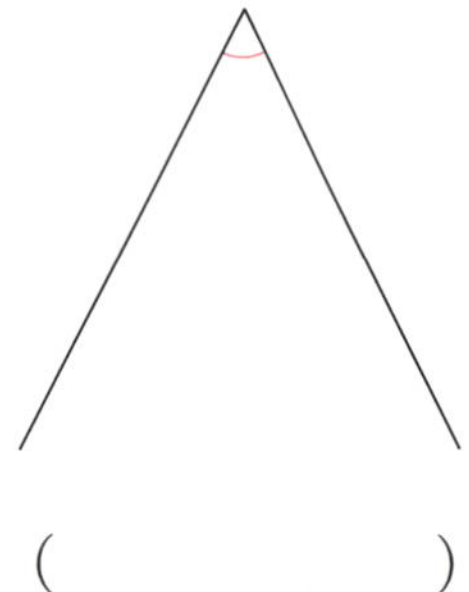

(   )

8

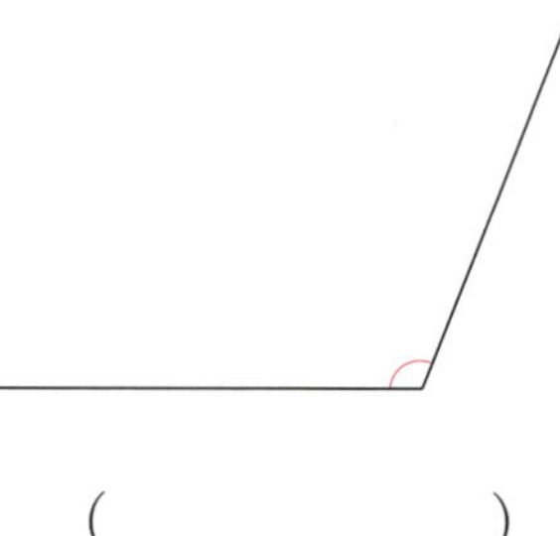

(   )

9

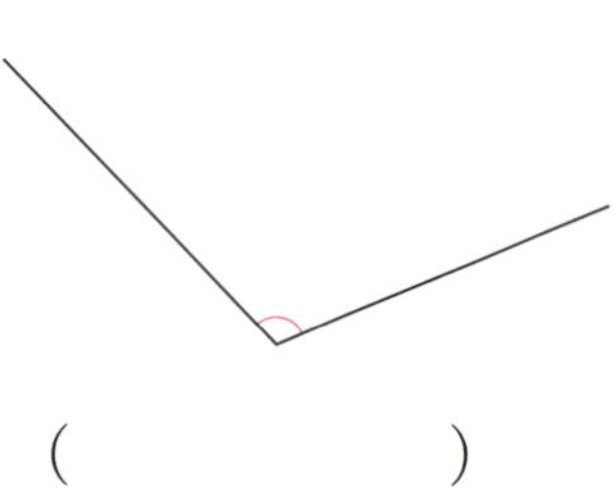

(   )

10

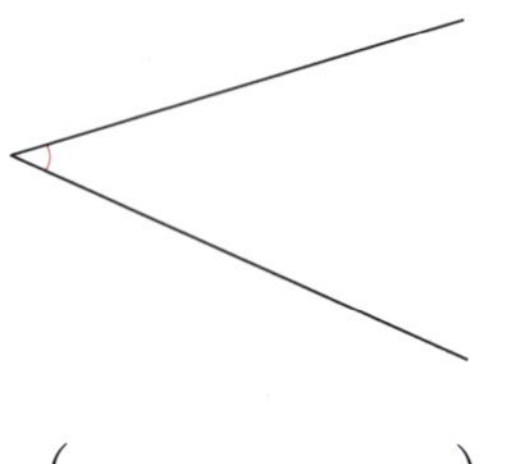

(   )

 사고력 학습

◆ 예각과 둔각(2) ◆

도형에 표시된 각 중에 예각과 둔각은 각각 몇 개인지 쓰시오. [1~2]

1

[예각]

[둔각]

2

[예각]

[둔각]

다음 주어진 각도가 예각인지 둔각인지 쓰시오 [3~6]

3　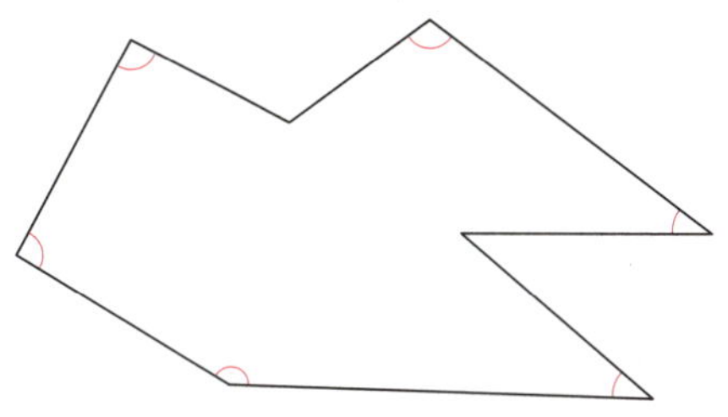 55°

(　　　　)

4　108°

(　　　　)

5　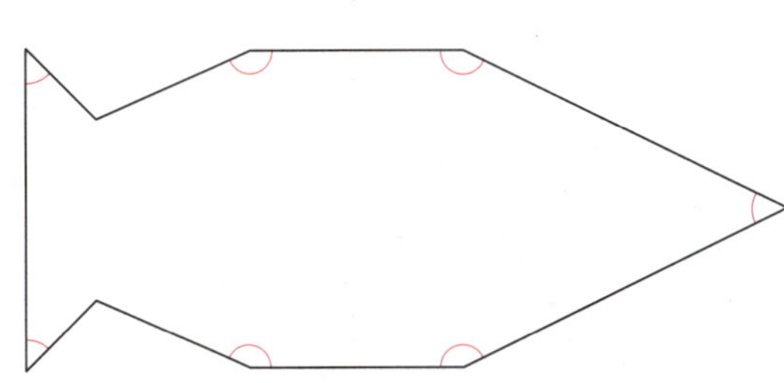 95°

(　　　　)

6　80°

(　　　　)

7 다음 도형에서 찾을 수 있는 크고 작은 예각은 모두 몇 개입니까?

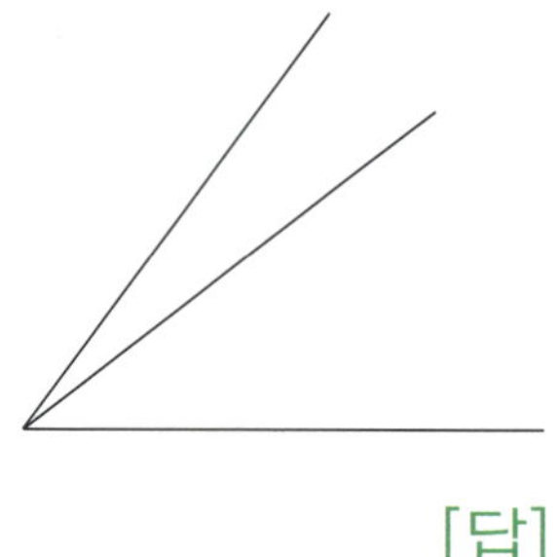

[답] ______________________

다음 그림을 보고 시계의 긴바늘과 짧은바늘이 이루는 작은 쪽의 각이 예각인지 둔각인지 쓰시오. [8~9]

8 

(   )

9 

(   )

다음 시각을 시계에 나타내었을 때 긴바늘과 짧은바늘이 이루는 작은 쪽의 각을 예각, 직각, 둔각으로 구분하여 보시오. [10~11]

10 9시

(   )

11 10시 40분

(   )

* 이름 :
* 날짜 :
* 시간 :　　　시　　분～　　시　　분

◆ 예각삼각형(1) ◆

> 세 각이 모두 예각인 삼각형을 **예각삼각형**이라고 합니다.

1 다음 삼각형을 보고 ☐ 안에 알맞은 말을 써넣으시오.

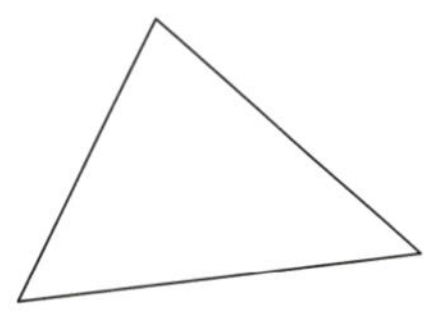

세 각이 모두 예각이므로 ☐ 삼각형입니다.

2 예각삼각형을 모두 찾아 쓰시오.

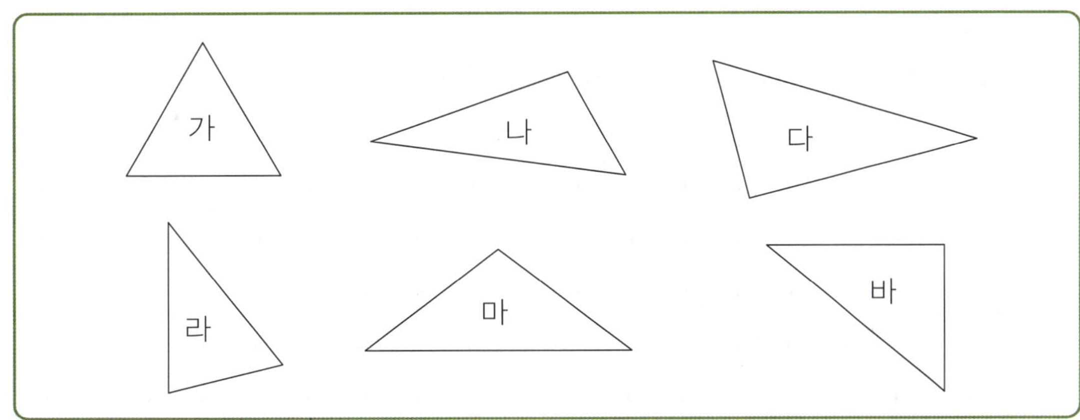

[답] ________________

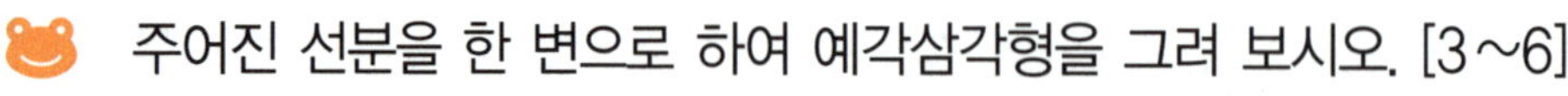
주어진 선분을 한 변으로 하여 예각삼각형을 그려 보시오. [3~6]

3

4

5

6

7 세 점을 이어 서로 다른 예각삼각형을 2개 그려 보시오.

◆ **예각삼각형(2)** ◆

1 선분 ㄱㄴ과 다음 중 한 점을 이어서 예각삼각형을 그리려고 합니다. 어느 점을 이어야 합니까? (　　　　)

2 정삼각형은 예각삼각형입니다. 그 이유를 쓰시오.

____

____

3 직사각형 모양의 종이를 오려서 여러 개의 삼각형을 만들었습니다. 예각삼각형을 모두 찾아 쓰시오.

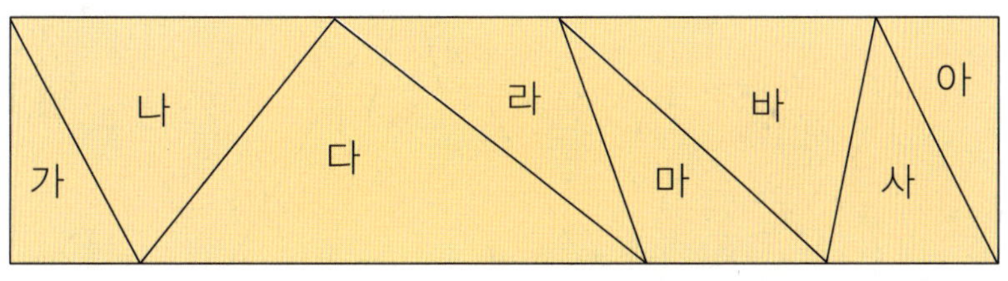

[답] _________________________________

4 다음과 같이 선분의 양 끝점에서 크기가 같은 각 ㉠, ㉡을 각각 그려서 만난 점을 이었더니 예각삼각형이 되었습니다. ㉠, ㉡의 크기에 대하여 다음 ☐ 안에 알맞은 수를 써넣으시오.

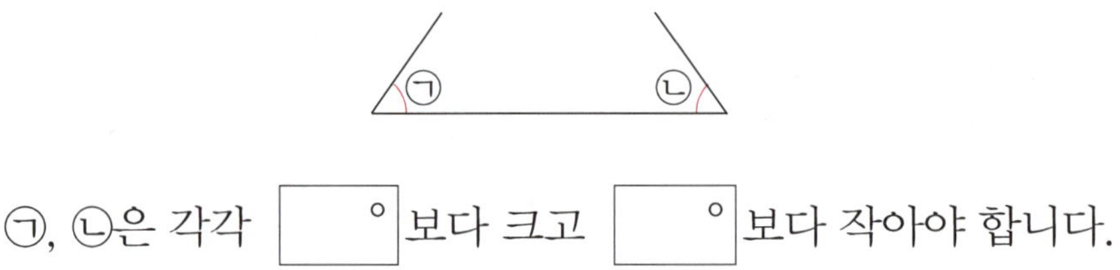

㉠, ㉡은 각각 ☐° 보다 크고 ☐° 보다 작아야 합니다.

5 삼각형의 두 각의 크기가 다음과 같을 때 이 삼각형은 예각삼각형, 직각삼각형, 둔각삼각형 중 어느 것입니까?

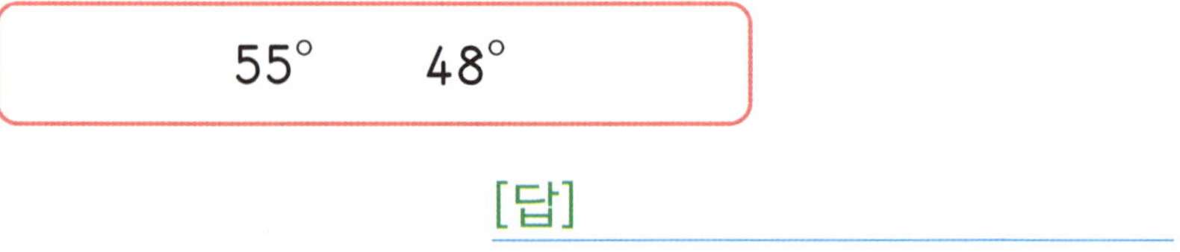

[답]

6 다음 그림에서 찾을 수 있는 크고 작은 예각삼각형은 모두 몇 개입니까?

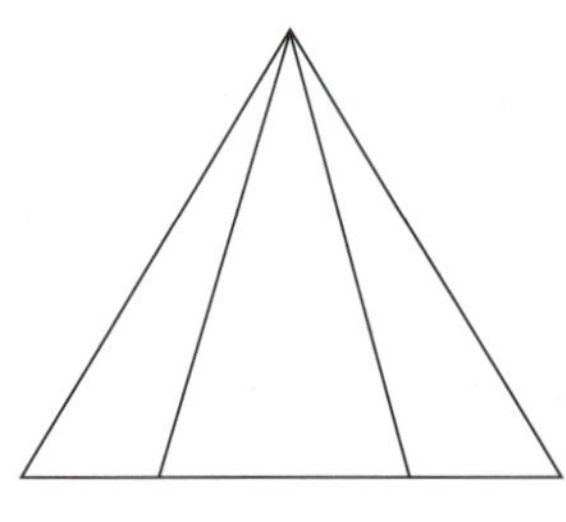

[답]

◆ 둔각삼각형(1) ◆

> 한 각이 둔각인 삼각형을 둔각삼각형이라고 합니다.

🐸 다음 삼각형을 보고 물음에 답하시오. [1～3]

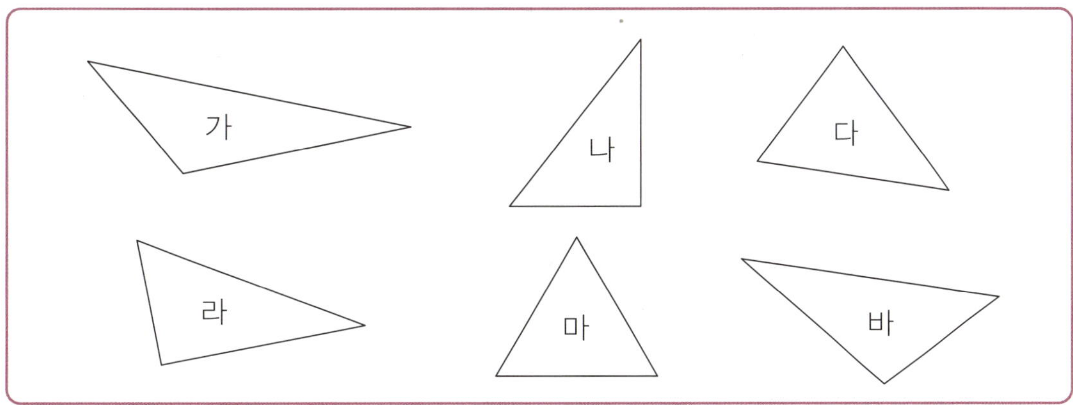

1 직각삼각형을 모두 찾아 쓰시오.

[답]

2 예각삼각형을 모두 찾아 쓰시오.

[답]

3 둔각삼각형을 모두 찾아 쓰시오.

[답]

사고력 학습

🐸 주어진 선분을 한 변으로 하여 둔각삼각형을 그리시오. [4~7]

4

5

6

7

8 세 점을 이어 서로 다른 둔각삼각형을 2개 그려 보시오.

◆ **둔각삼각형(2)** ◆

1 다음 삼각형의 이름이 될 수 있는 것을 모두 찾아 기호를 쓰시오.

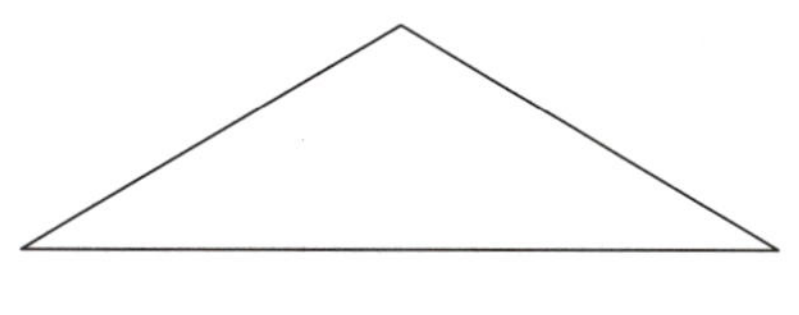

┌───┐
│ ㉠ 정삼각형　　　ㄴ 이등변삼각형　　　ㄷ 예각삼각형 │
│ ㉣ 둔각삼각형　　　㉢ 직각삼각형 │
└───┘

[답]

2 한 각이 90°인 삼각형은 둔각삼각형이 아닙니다. 그 이유를 쓰시오.

3 직사각형 모양의 종이를 오려서 여러 개의 삼각형을 만들었습니다. 둔각삼각형은 모두 몇 개입니까?

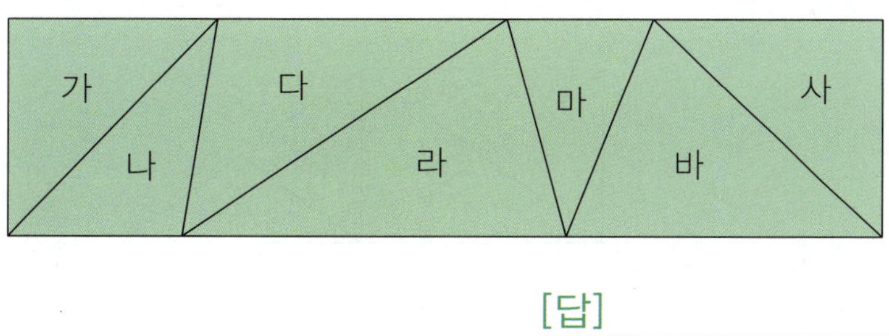

[답]

4 다음 순서대로 삼각형을 그렸을 때 만들어지는 삼각형의 이름을 쓰시오.

> ① 길이가 4cm인 선분을 긋습니다.
> ② 선분의 양 끝점을 각각 각의 꼭짓점으로 하여 35°, 40°인 각을 그립니다.
> ③ 두 각의 변이 만나는 점을 이어 삼각형을 그립니다.

[답]

5 다음 중 둔각삼각형의 두 각이 될 수 없는 것을 찾아 기호를 쓰시오.

> ㉠ 40°, 40°　　㉡ 35°, 95°
> ㉢ 80°, 25°　　㉣ 45°, 100°

[답]

6 다음 그림에서 찾을 수 있는 크고 작은 둔각삼각형은 모두 몇 개입니까?

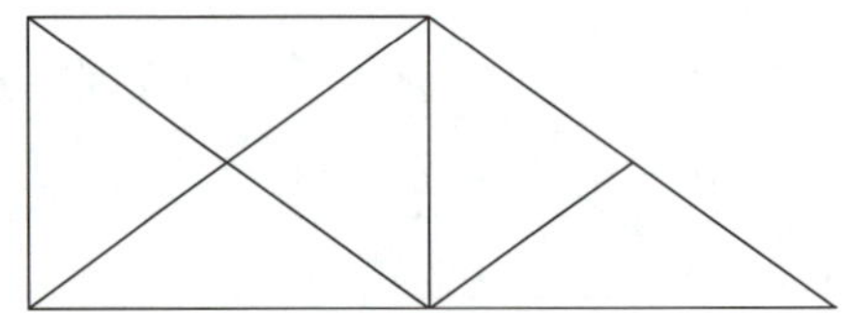

[답]

이름 :
날짜 :
시간 : 시 분 ~ 시 분

확인

창의력 학습

성냥개비 8개를 사용하여 정사각형 2개와 삼각형 8개를 만들어 보세요.
(성냥은 구부리거나 부러뜨리면 안됩니다.)

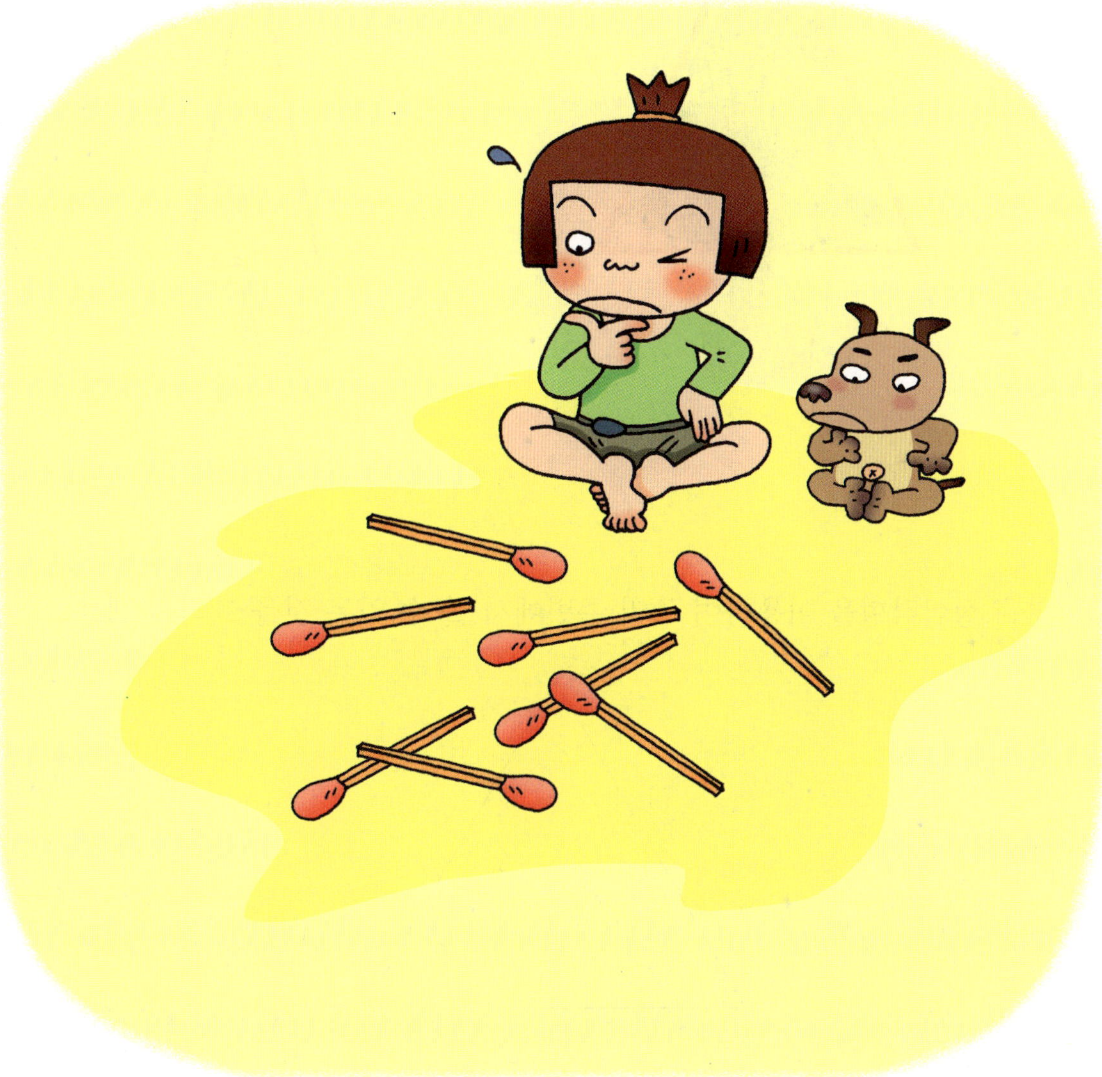

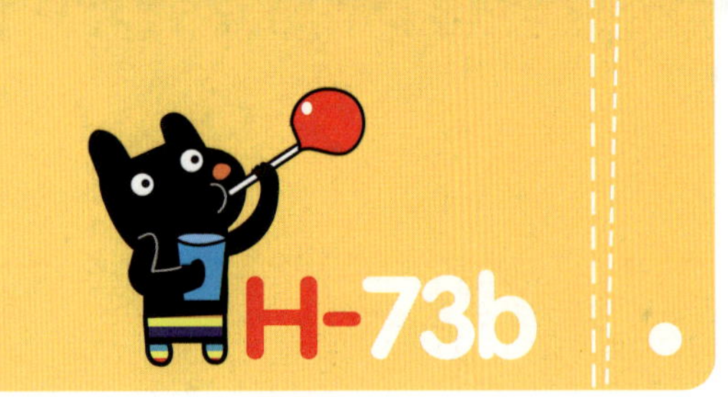

다음 그림은 우리 주변에서 볼 수 있는 것을 이등변삼각형을 이용하여 그린 것입
니다.

여러분은 정삼각형을 이용하여 우리 주변에서 볼 수 있는 것을 그려 보세요.

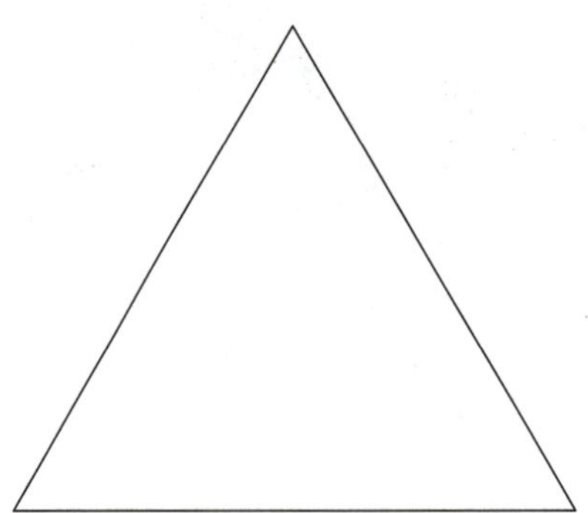

✚ 경시대회 예상문제

1 삼각형 ㄱㄴㄷ은 이등변삼각형입니다. 각 ㄹㄴㄱ의 크기를 구하시오.

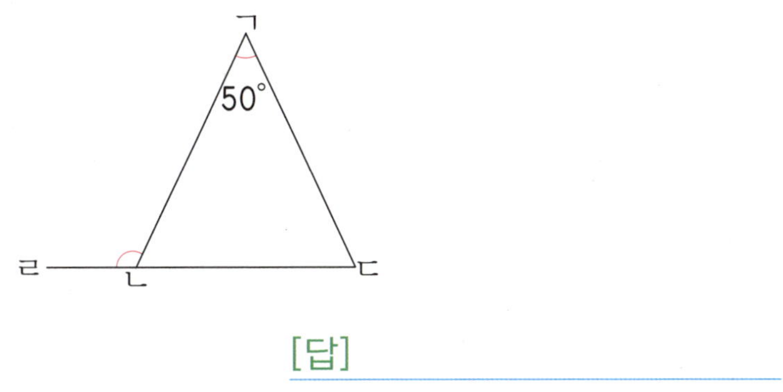

[답]

2 세 변의 길이의 합이 20cm인 이등변삼각형이 있습니다. 이 삼각형의 한 변의 길이가 8cm일 때, 다른 두 변의 길이로 가능한 것을 모두 구하시오.

　　　cm, 　　　cm 또는 　　　cm, 　　　cm

3 다음 그림에서 찾을 수 있는 크고 작은 정삼각형은 모두 몇 개입니까?

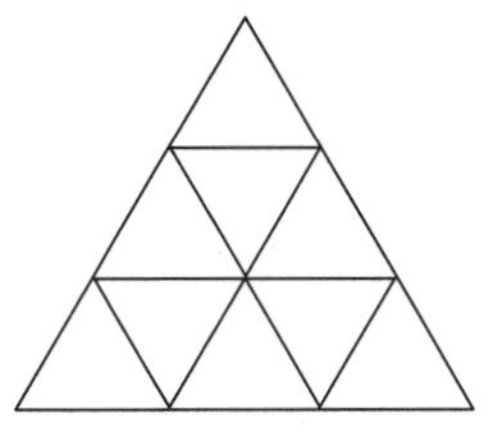

[답]

4 다음 이등변삼각형과 정삼각형의 세 변의 길이의 합은 같습니다. 정삼각형의 한 변의 길이는 몇 cm인지 풀이 과정을 쓰고 답을 구하시오.

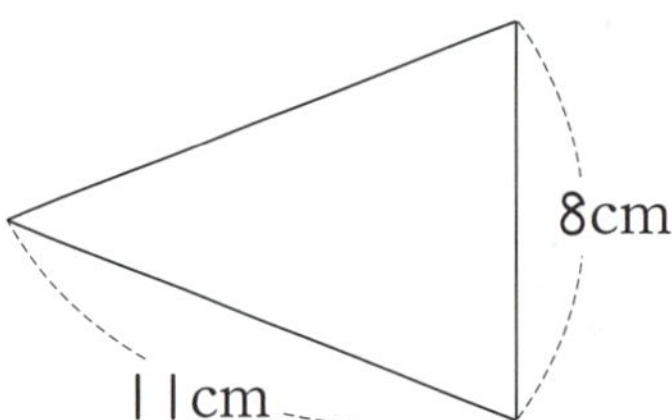

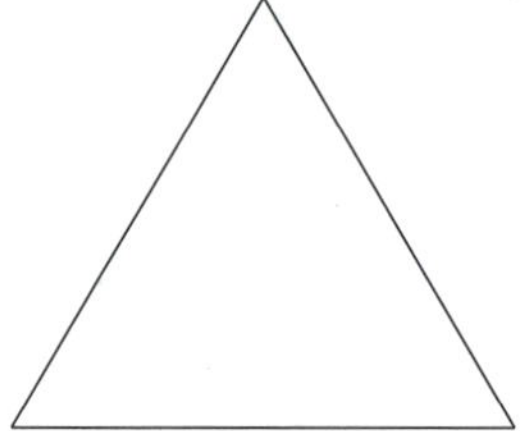

[답]

5 같은 크기의 정삼각형 6개를 붙여서 만든 도형입니다. 이 도형의 둘레의 길이가 54cm일 때 정삼각형 한 개의 세 변의 길이의 합은 몇 cm인지 풀이 과정을 쓰고 답을 구하시오.

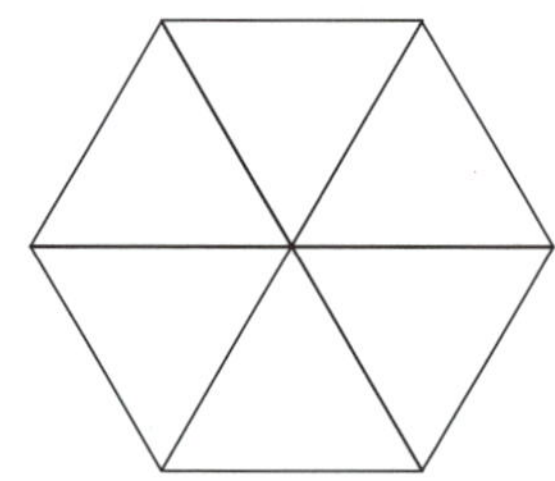

[답]

6 삼각형 ㄱㄴㄷ은 이등변삼각형이고, 삼각형 ㄹㄴㄷ은 정삼각형입니다. 각 ㄱㄴㄹ의 크기를 구하시오.

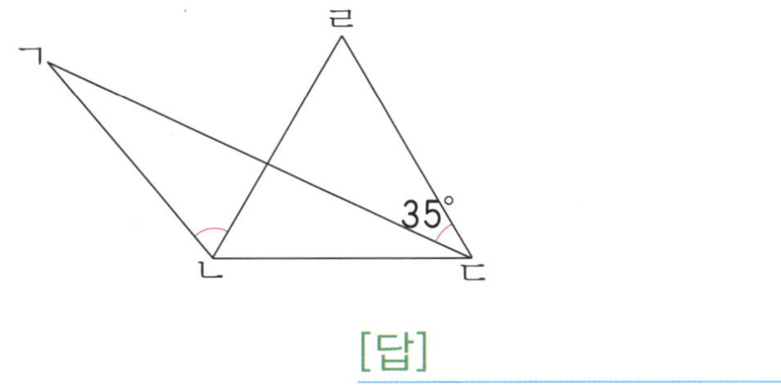

[답]

7 직선을 크기가 같은 6개의 각으로 나눈 것입니다. 크고 작은 예각은 모두 몇 개입니까?

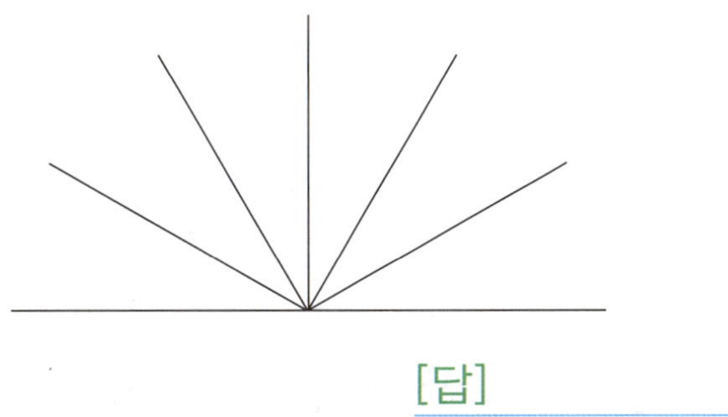

[답]

8 형철이는 아침 7시 30분에 일어나서 2시간 후에 학교에 도착하였습니다. 형철이가 학교에 도착한 시각을 시계에 나타내었을 때 시계의 두 바늘이 이루는 작은 쪽의 각은 예각, 직각, 둔각 중 어느 것입니까?

[답]

9 다음 그림에서 삼각형 ㄱㄴㄹ은 이등변삼각형입니다. 이 도형에서 둔각을 찾아 그 크기를 구하시오.

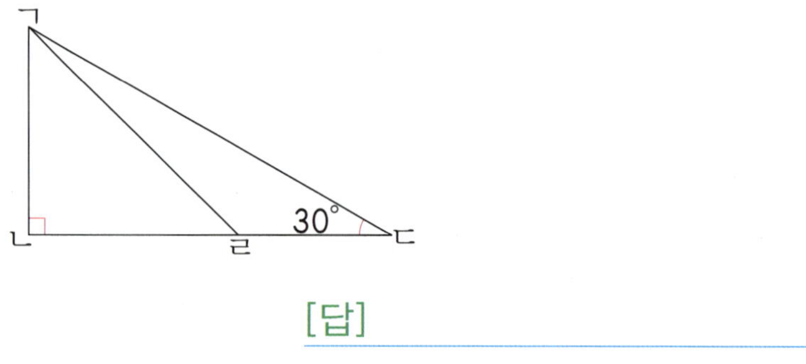

[답]

10 그림에서 찾을 수 있는 크고 작은 예각삼각형은 모두 몇 개입니까?

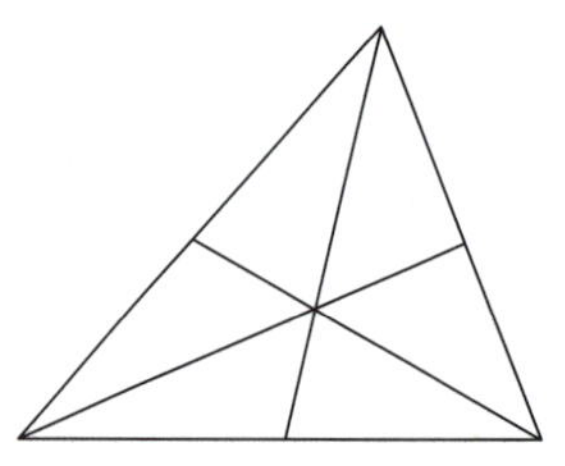

[답]

11 가로, 세로의 간격이 일정한 6개의 점 중 세 점을 이어 만들 수 있는 둔각삼각형은 모두 몇 개입니까?

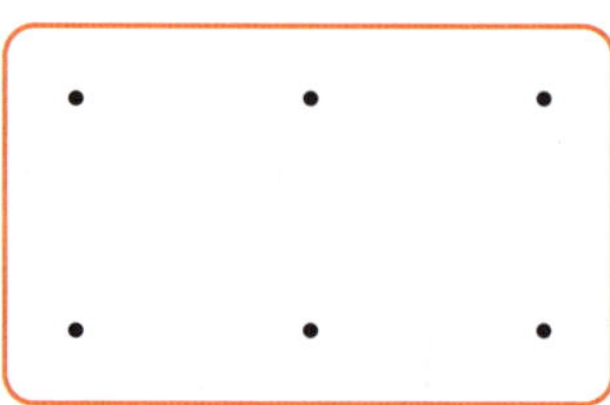

[답]

학습 관리표

학습 내용		이번 주는?
혼합 계산	· 덧셈, 뺄셈이 섞여 있는 식의 계산 순서 · 곱셈, 나눗셈이 섞여 있는 식의 계산 순서 · 덧셈, 뺄셈, 곱셈, 나눗셈이 섞여 있는 식의 계산 순서 · ( ), { }가 있는 식의 계산 순서 · 창의력 학습 · 경시대회 예상문제	• 학습 방법 : ① 매일매일　② 가끔　③ 한꺼번에 하였습니다. • 학습 태도 : ① 스스로 잘　② 시켜서 억지로 하였습니다. • 학습 흥미 : ① 재미있게　② 싫증내며 하였습니다. • 교재 내용 : ① 적합하다고　② 어렵다고　③ 쉽다고 하였습니다.

지도 교사가 부모님께	부모님이 지도 교사께

평가	Ⓐ 아주 잘함	Ⓑ 잘함	Ⓒ 보통	Ⓓ 부족함

원(교)　　　　반　이름　　　　전화

기초부터 탄탄하게
G 기탄교육
www.gitan.co.kr / (02)586-1007(대)

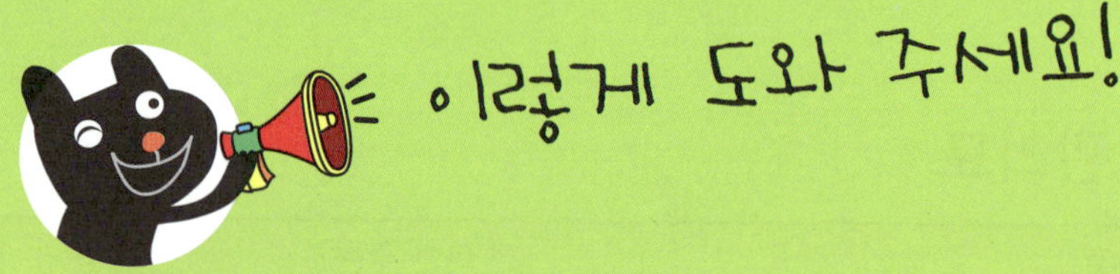

● 학습 목표
– 덧셈과 뺄셈이 섞여 있는 식의 계산 순서를 알고 계산할 수 있습니다.
– 곱셈과 나눗셈이 섞여 있는 식의 계산 순서를 알고 계산할 수 있습니다.
– 덧셈, 뺄셈, 곱셈 또는 나눗셈이 섞여 있는 식의 계산 순서를 알고 계산할 수 있습니다.
– ( )와 { }가 있는 식의 계산 순서를 알고 계산할 수 있습니다.
– 혼합 계산과 관련된 생활 문제를 해결할 수 있습니다.

● 지도 내용
– 덧셈과 뺄셈, 곱셈과 나눗셈이 섞여 있는 식은 앞에서부터 차례대로 계산해야 함을 이해하고 계산할 수 있게 합니다.
– 덧셈, 뺄셈, 곱셈(또는 나눗셈)이 섞여 있는 식은 곱셈(또는 나눗셈)을 먼저 계산해야 함을 이해하고 계산할 수 있게 합니다.
– 덧셈, 뺄셈, 곱셈, 나눗셈, ( ), { }가 섞여 있는 혼합 계산의 순서를 익혀 순서에 맞게 계산하게 합니다.

● 지도 요점
이번 단원에서는 자연수의 사칙연산을 기초로 하여 덧셈, 뺄셈, 곱셈, 나눗셈이 섞여 있는 혼합 계산의 계산 순서를 알고 계산을 능숙하게 할 수 있도록 지도합니다. 또, ( )와 { }가 있는 혼합 계산식의 계산 순서를 알고 순서에 따라 계산할 수 있도록 지도합니다. 나중에 배울 분수, 소수의 혼합 계산을 할 수 있는 기초가 됩니다.

H-76a

◆ 덧셈과 뺄셈이 섞여 있는 식의 계산 순서 ◆

> 덧셈과 뺄셈이 섞여 있는 식은 앞에서부터 차례로 계산합니다.

1 ☐ 안에 알맞은 수를 써넣으시오.

$$28 - 19 + 6 = \boxed{}$$

🐸 계산 순서를 나타내고 계산을 하시오. [2~5]

2 $34 + 8 - 16$

3 $16 - 9 + 26$

4 $42 - 15 + 7$

5 $28 + 13 - 5$

사고력 학습

 다음을 계산하시오. [6~9]

6 $14-6+34$

7 $35+7-27$

8 $23-16+8$

9 $9+26-15$

10 다음을 계산하시오.

$$23-6+18-8$$

[답]

11 계산 결과를 비교하여 ○ 안에 $>$, $<$를 알맞게 써넣으시오.

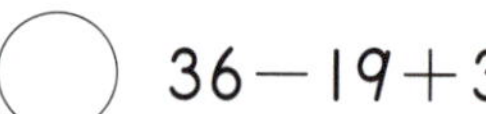

$$29+4-16 \bigcirc 36-19+3$$

12 선균이네 반은 남학생이 16명, 여학생이 15명입니다. 그중 안경 쓴 학생이 18명이라면 안경을 쓰지 않은 학생은 몇 명인지 하나의 식으로 만들어 구하시오.

[식]　　　　　　　　　　　　　　　　[답]

◆ **곱셈과 나눗셈이 섞여 있는 식의 계산 순서** ◆

> 곱셈과 나눗셈이 섞여 있는 식은 앞에서부터 차례로 계산합니다.

1 ☐ 안에 알맞은 수를 써넣으시오.

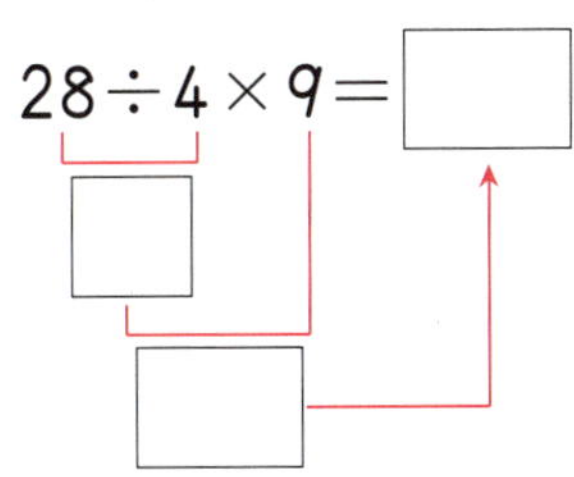

$$28 \div 4 \times 9 = \boxed{}$$

🐸 계산 순서를 나타내고 계산을 하시오. [2~5]

2 $14 \times 9 \div 7$

3 $81 \div 9 \times 8$

4 $25 \times 4 \div 5$

5 $72 \div 6 \times 4$

다음을 계산하시오. [6~9]

6 $18 \times 3 \div 6$

7 $54 \div 9 \times 7$

8 $38 \times 4 \div 8$

9 $64 \div 8 \times 5$

10 계산 결과가 가장 큰 것을 찾아 기호를 쓰시오.

> ㉠ $24 \times 9 \div 6$　　㉡ $35 \div 7 \times 8$　　㉢ $16 \times 6 \div 4$

[답]

11 다음을 계산하시오.

> $34 \times 6 \div 4 \times 3$

[답]

12 한 봉지에 12개씩 담긴 귤이 6봉지 있습니다. 이 귤을 8명에게 똑같이 나누어 주려고 합니다. 한 사람에게 몇 개씩 주면 되는지 하나의 식으로 만들어 구하시오.

[식]　　　　　　　　　　　　[답]

★ 이름 :

★ 날짜 :

★ 시간 :　　시　　분 ~ 　　시　　분

확인

◆ **덧셈, 뺄셈, 곱셈이 섞여 있는 식의 계산 순서(1)** ◆

> 덧셈, 뺄셈, 곱셈이 섞여 있는 식은 곱셈을 먼저 계산합니다.

1 □ 안에 알맞은 수를 써넣으시오.

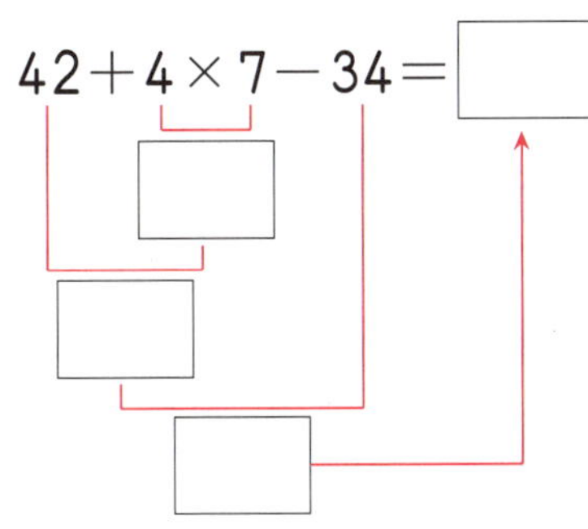

$$42 + 4 \times 7 - 34 = \boxed{}$$

계산 순서를 나타내고 계산을 하시오. [2~5]

2　$14 \times 5 + 18$

3　$62 - 6 \times 8 + 11$

4　$33 + 4 \times 12 - 53$

5　$30 - 17 + 15 \times 3$

🐸 다음을 계산하시오. [6~11]

6 $28+7\times12$

7 $72-9\times4$

8 $35+6\times9-47$

9 $59-15\times3+26$

10 $18+16-5\times4$

11 $23\times4-7\times8$

12 ㉠과 ㉡ 중 더 큰 쪽의 기호를 쓰시오.

> ㉠ $64+4\times8-44$
> ㉡ $32-2\times7+15$

[답]

13 계산 결과가 큰 것부터 차례로 기호를 쓰시오.

> ㉠ $53-27+6\times3$
> ㉡ $36+9\times5-5$
> ㉢ $44-5\times6+16$

[답]

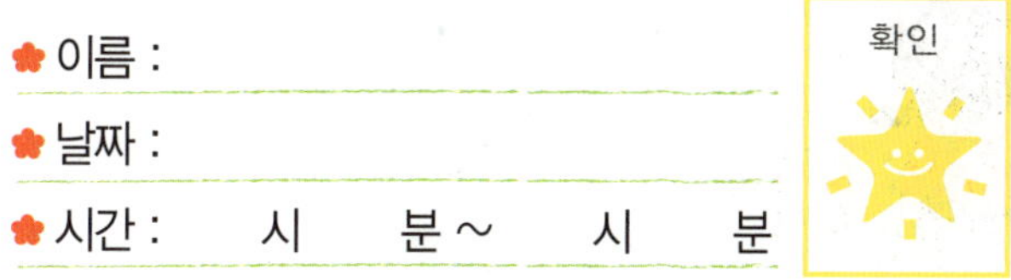

◆ 덧셈, 뺄셈, 곱셈이 섞여 있는 식의 계산 순서(2) ◆

1 다음 계산 중 틀리기 시작한 부분을 찾아 번호를 쓰고 바르게 계산한 값을 구하시오.

$$8 \times 3 + 14 \times 4$$
$$= 24 + 14 \times 4 \quad ①$$
$$= 38 \times 4 \quad ②$$
$$= 152 \quad ③$$

[답] ________________________________

2 등식이 성립하도록 □ 안에 ＋, －, ×, ÷의 기호를 알맞게 써넣으시오.

$$25 \boxed{} 3 \boxed{} 14 = 61$$

3 □ 안에 알맞은 수를 써넣으시오.

$$67 - \boxed{} \times 4 = 19$$

사고력 학습

4 석현이는 8일 동안 매일 50번씩 윗몸일으키기를 하였고, 민정이는 일주일 동안 매일 55번씩 윗몸일으키기를 하였습니다. 석현이가 민정이보다 윗몸일으키기를 얼마나 더 많이 하였는지 하나의 식으로 만들어 구하시오.

[식]　　　　　　　　　　　　　　[답]

5 청빈이는 어제 2000원을 가지고 300원짜리 막대사탕을 4개 샀습니다. 남은 돈으로 오늘 500원짜리 아이스크림을 한 개 사 먹었습니다. 청빈이가 지금 가지고 있는 돈은 얼마인지 하나의 식으로 만들어 구하시오.

[식]　　　　　　　　　　　　　　[답]

6 식 $5000-600\times5$를 이용하여 풀 수 있는 문제를 만들고 풀어 보시오.

[답]

사고력 학습

H-80a

◆ 덧셈, 뺄셈, 나눗셈이 섞여 있는 식의 계산 순서(1) ◆

> 덧셈, 뺄셈, 나눗셈이 섞여 있는 식은 나눗셈을 먼저 계산합니다.

1 □ 안에 알맞은 수를 써넣으시오.

$$65 + 28 \div 4 - 43 = \boxed{}$$

계산 순서를 나타내고 계산을 하시오. [2~5]

2 $53 - 64 \div 4$

3 $85 \div 5 + 12$

4 $54 \div 9 + 48 \div 6$

5 $92 - 25 + 72 \div 8$

 다음을 계산하시오. [6~11]

6 $48+36\div3$

7 $72\div6-4$

8 $18+45\div5-8$

9 $54-35+24\div3$

10 $27-42\div3+16\div4$

11 $56\div4+18-64\div8$

12 계산 결과를 비교하여 ◯ 안에 >, <를 알맞게 써넣으시오.

$$96-65\div5 \quad \bigcirc \quad 32+64\div8+15$$

13 계산 결과가 가장 큰 것을 찾아 기호를 쓰시오.

① $35+36\div6-16$
② $84\div7+25$
③ $44\div4+72\div6$

[답] ________________

★ 이름 :

★ 날짜 :

★ 시간 :　　시　　분 ～　　시　　분

확인

◆ 덧셈, 뺄셈, 나눗셈이 섞여 있는 식의 계산 순서(2) ◆

1 다음 계산 중 틀리기 시작한 부분을 찾아 번호를 쓰고 바르게 계산한 값을 구하시오.

$$84 \div 7 + 64 \div 4$$
$$= 12 + 64 \div 4 \quad ①$$
$$= 76 \div 4 \quad ②$$
$$= 19 \quad ③$$

[답]

2 등식이 성립하도록 □ 안에 ＋, －, ×, ÷의 기호를 알맞게 써넣으시오.

$$34 + 18 \,\square\, 3 - 7 = 33$$

3 □ 안에 알맞은 수를 써넣으시오.

$$\square \div 3 + 42 \div 7 = 24$$

4 달고나 상점에서는 막대사탕을 6개에 2820원에 팔고, 오솔길 마트에서는 같은 막대사탕을 5개에 2250원에 팝니다. 달고나 상점이 오솔길 마트보다 막대사탕 1개의 가격이 얼마나 더 비싼지 하나의 식으로 만들어 구하시오.

[식]   [답]

5 해리포터, 헤르미온느, 말포이 3명이 과수원에서 사과를 땄습니다. 해리포터는 1시간 동안 18개, 헤르미온느는 2시간 동안 34개, 말포이는 1시간 동안 22개를 땄다면 1시간 동안 해리포터와 헤르미온느가 딴 사과는 말포이가 딴 사과보다 몇 개가 많은지 하나의 식으로 만들어 구하시오.

[식]   [답]

6 식 $4000 - 800 \div 5$를 이용하여 풀 수 있는 문제를 만들고 풀어 보시오.

[답]

H-82a

✿ 이름 :

✿ 날짜 :

✿ 시간 :   시   분 ~   시   분

◆ (   )가 있는 식의 계산 순서(1) ◆

> (   )가 있고 덧셈, 뺄셈, 곱셈, 나눗셈이 섞여 있는 식은 (   ) 안을 먼저 계산합니다.

1 □ 안에 알맞은 수를 써넣으시오.

$$100 - (32 + 28) = \boxed{}$$

🐸 계산 순서를 나타내고 계산을 하시오. [2~5]

2 $54 - (19 + 5)$

3 $(6 + 5) \times 3$

4 $56 \div 4 - (17 - 13)$

5 $(12 + 3) \div (7 - 2)$

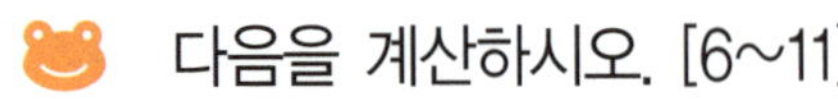 다음을 계산하시오. [6~11]

6 $19-(8-5)$

7 $23-(7+8)$

8 $12÷(9-3)$

9 $(6+6)×7$

10 $(14+21)÷(21÷3)$

11 $(15-7)×(23-16)$

12 계산 결과를 비교하여 ○ 안에 > , < 를 알맞게 써넣으시오.

$$(14+3)×5 \quad \bigcirc \quad 25×(18-14)$$

13 계산 결과가 가장 큰 것을 찾아 기호를 쓰시오.

㉠ $50-(12-5)$
㉡ $(45+9)÷6$
㉢ $(9-6)×12$

[답] ________________

◆ (　)가 있는 식의 계산 순서(2) ◆

1 두 식을 하나의 식으로 나타내시오.

$$48 \div 6 = 8$$
$$15 - 9 = 6$$

[식]

2 가장 먼저 계산해야 할 곳에 ○표를 하시오.

$$54 + (35 - 19) \div 4 \times 5$$

3 등식이 성립하도록 알맞은 곳에 (　) 표시를 하시오.

$$96 \div 6 + 2 = 12$$

4 (　)가 없어도 계산 결과가 같은 식을 찾아 기호를 쓰시오.

ㄱ $72 \div (3 \times 2)$　　ㄴ $26 - (13 + 4)$
ㄷ $16 + (5 \times 6)$　　ㄹ $8 \times (21 - 16)$

[답]

사고력 학습

5 순정이는 450원짜리 빵 1개와 600원짜리 아이스크림 1개를 사고 1500원을 냈습니다. 순정이가 받아야 할 거스름돈은 얼마인지 (   )가 있는 하나의 식으로 나타내고 답을 구하시오.

[식]　　　　　　　　　　　　　　　　[답]

6 한 사람이 시계를 한 시간 동안 5개씩 조립할 수 있습니다. 6명이 시계를 150개 조립하려면 모두 몇 시간이 걸리는지 (   )가 있는 하나의 식으로 나타내고 답을 구하시오.

[식]　　　　　　　　　　　　　　　　[답]

7 식 23−(12+5)를 이용하여 풀 수 있는 문제를 만들고 풀어 보시오.

[답]

 사고력 학습

* 이름 :
* 날짜 :
* 시간 :　　시　　분 ~ 　　시　　분

확인

◆ { }가 있는 식의 계산 순서(1) ◆

> ( ), { }가 있는 식은 ( ) 안을 먼저 계산합니다.

1 □ 안에 알맞은 수를 써넣으시오.

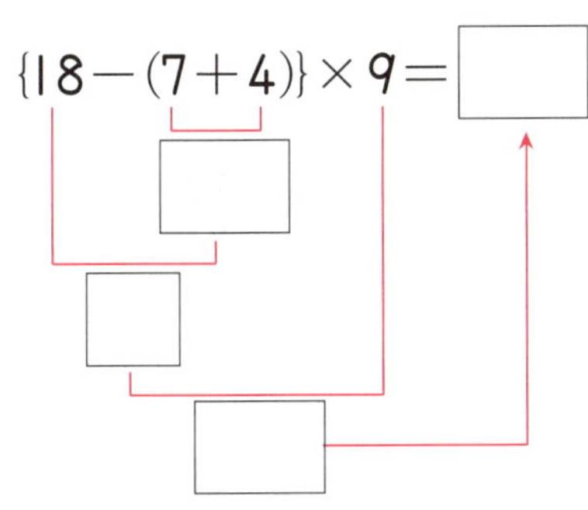

$$\{18-(7+4)\} \times 9 = \boxed{}$$

🐸 계산 순서를 나타내고 계산을 하시오. [2~5]

2 $63 \div \{(8-5) \times 7\}$

3 $\{50-(4 \times 8+3)\} \div 3$

4 $14 \times \{9-(1+2)\} \div 4$

5 $29+3 \times \{(32-24) \div 2\}$

사고력 학습

다음을 계산하시오. [6~11]

6 $54 \div \{11 - (2 + 3)\}$

7 $22 + \{(13 - 8) \times 3 - 6\}$

8 $60 - \{4 \times (9 - 2) + 12\}$

9 $64 \div \{23 + (11 - 8) \times 3\}$

10 $14 \times \{13 - (2 + 4)\} \div 2$

11 $28 \div \{(10 - 8) \times 2\} + 7$

12 다음을 계산할 때 셋째 번으로 계산해야 하는 곳의 기호를 쓰시오.

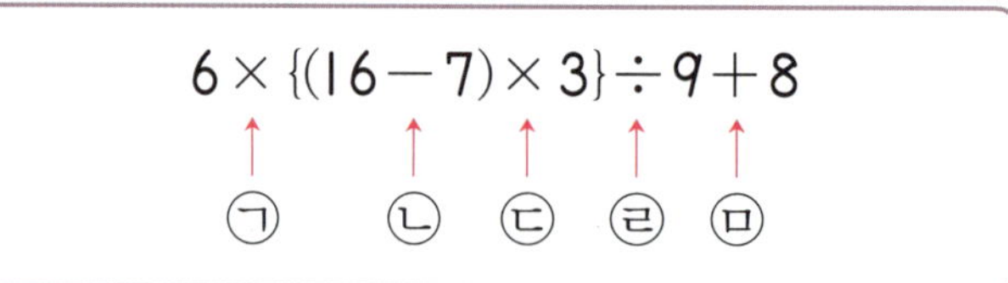

[답]

13 계산 결과가 더 큰 것의 기호를 쓰시오.

㉠ $\{(15 - 6) \div 3 + 7\} \div 5$
㉡ $9 \times \{18 - (8 + 4)\} \div 3$

[답]

H-85a

◆ {   }가 있는 식의 계산 순서(2) ◆

1 계산에서 잘못된 곳을 찾아 바르게 계산하시오.

$$21+56 \div \{(7+9) \div 2\} = 10$$

2 □ 안에 알맞은 수를 써넣으시오.

$$\{18-(\boxed{}+7)\} \times 6 = 36$$

3 등식이 성립하도록 □ 안에 +, −, ×, ÷ 의 기호를 알맞게 써넣으시오.

$$5 \times \{(20 \ \boxed{} \ 12) \div 4 + 6\} = 40$$

4 두 식을 하나의 식으로 나타내시오.

$$(53-8) \div 5 = 9$$
$$(6+9) \times 7 = 105$$

[식]

5 남학생 3명과 여학생 2명이 각각 귤을 5개씩 가져와서 원래 있던 귤 7개를 합하여 8명의 친구들이 똑같이 나누어 먹었습니다. 한 사람이 먹은 귤은 몇 개인지 { }와 ( )를 사용하여 하나의 식으로 나타내고 답을 구하시오.

[식]   [답]

6 현상이는 지난 주 내내, 그리고 이번 주에도 이틀 동안 매일 줄넘기를 100번 씩 하고 오늘 하루는 120번을 하였습니다. 현상이가 줄넘기 1500번을 목표 로 하고 있다면 앞으로 몇 번을 더 해야 하는지 { }와 ( )를 사용하여 하나 의 식으로 나타내고 답을 구하시오.

[식]   [답]

H-86a

♣ 이름 :

♣ 날짜 :

♣ 시간 :　시　분 ～　시　분

◆ **혼합 계산식의 계산 순서(1)** ◆

□ 안에 알맞은 수를 써넣으시오. [1~4]

1　$14 - 4 \times 3 \div 2 + 8 = \boxed{}$

2　$34 - (15 + 3) \div 3 \times 5 = \boxed{}$

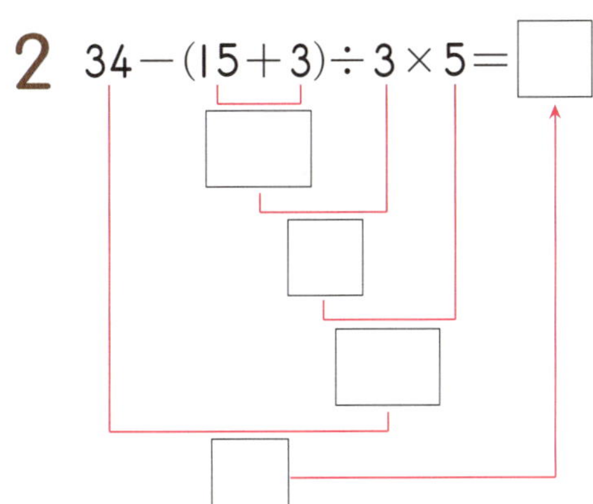

3　$64 \div \{(2 + 3) \times 4 - 4\} = \boxed{}$

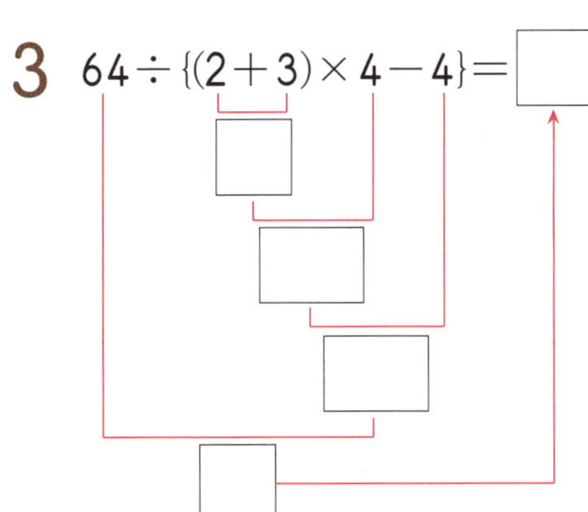

4　$\{42 \div (12 - 5) - 3\} \times 9 = \boxed{}$

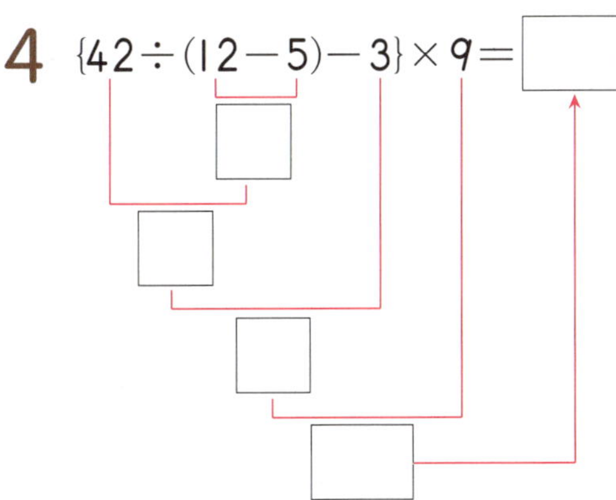

5　다음을 계산할 때 넷째 번으로 계산해야 하는 곳의 기호를 쓰시오.

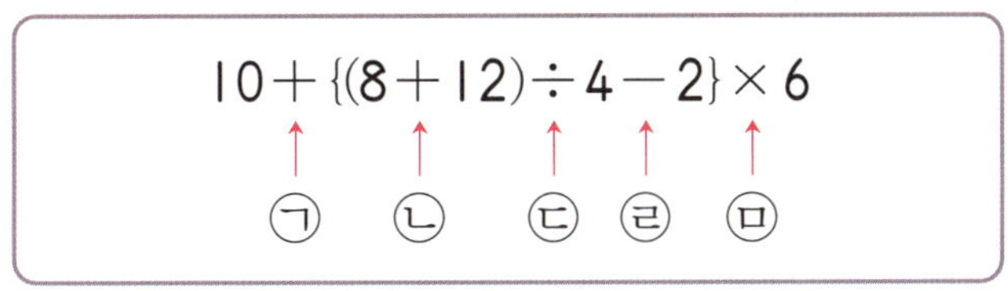

[답]

🐸 계산 순서를 나타내고 계산을 하시오. [6~9]

6 $6 \times 8 + 11 - 12 \div 3$

7 $25 + 28 \div 7 \times (15 - 6)$

8 $42 - \{5 \times (4 + 2) - 22\} \div 2$

9 $8 + \{(8 + 13) \div 7 - 1\} \times 9$

10   계산에서 잘못된 부분을 찾아 바르게 계산하시오.

$$72 \div \{(9 - 6) \times 6 + 6\} = 10$$

3
18
4
10

→

이름 :

날짜 :

시간 : 　시　분~　시　분

확인

◆ **혼합 계산식의 계산 순서(2)** ◆

1 ㉠과 ㉡의 계산 결과의 차를 구하시오.

> ㉠ $58-28\div7\times5+6$
>
> ㉡ $96\div\{(6-4)\times5+2\}$

[답]

2 계산 결과를 비교하여 ○ 안에 >, =, <를 알맞게 써넣으시오.

> $48\div4+7\times3-6$　○　$17+(42\div6\times4-15)$

3 계산 결과가 가장 큰 것을 찾아 기호를 쓰시오.

> ㉠ $80-45\div9\times3+2$
>
> ㉡ $84\div\{(9-6)\times3+3\}$
>
> ㉢ $64-9\times3+36\div6$

[답]

4 등식이 성립하도록 □ 안에 알맞은 수를 써넣으시오.

$$84 \div \{20 - (\boxed{} + 5) \div 2\} = 12$$

5 송이와 승규가 다음과 같이 덧셈, 뺄셈, 곱셈, 나눗셈, ( ), { }가 섞여 있는 식을 계산하였습니다. 송이의 계산 결과는 **22**, 승규의 계산 결과는 **50**이었습니다. 계산 순서에 맞게 번호를 쓰고 바르게 계산한 사람은 누구인지 쓰시오.

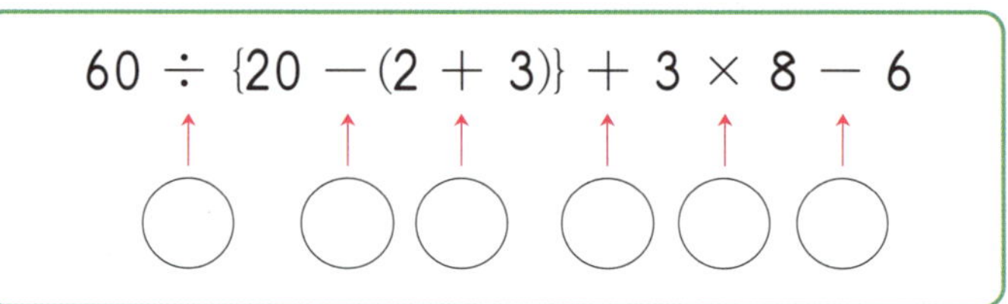

[답] _______________________

6 150을 20에서 14를 뺀 수의 7배보다 8 큰 수로 나눈 몫을 { }와 ( )를 사용하여 하나의 식으로 나타내고 답을 구하시오.

[식] _______________________　　　　[답] _______________________

🌸 이름 :

🌸 날짜 :

🌸 시간 :　　시　　분 ~ 　시　　분

 창의력 학습

은비와 용호는 주사위를 던져 나온 수로 식 만들기 놀이를 하고 있습니다. 누가 이겼는지 빈칸에 써넣으시오.

규칙	• 두 사람이 주사위를 2개씩 들고 동시에 던집니다. • 주사위를 던져서 나온 4개의 수와 +, −, ×, ÷, ( )의 기호를 사용하여 계산한 답이 목표 수와 같거나 목표 수에 가깝게 식을 만듭니다. • 계산한 답이 목표 수와 같거나 목표 수에 더 가까운 사람이 이깁니다.

목표 수	주사위를 던져서 나온 수	은비가 만든 식	용호가 만든 식	이긴 사람
5	⚀ ⚁ ⚂ ⚄	$5-3+2\div1$	$2+5\times(3-1)$	
10	⚁ ⚃ ⚄ ⚅	$(4+6)\div5\times3$	$5+3\times4-6$	
20	⚂ ⚄ ⚄ ⚅	$4\div2+6\times3$	$2\times(6+4)-3$	

다음 등식이 성립하도록 ○ 안에 ＋, －, ×, ÷를 알맞게 써넣으시오.

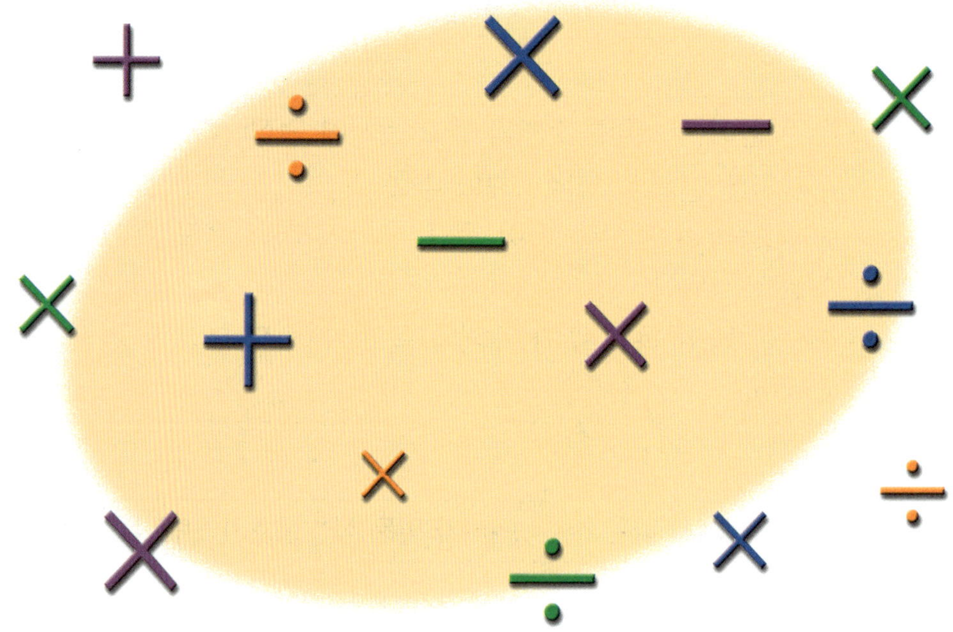

(1) 5 ◯ 5 ◯ 5 ◯ 5 = 0

(2) 8 ◯ 4 ◯ 2 ◯ 6 = 10

(3) 4 ◯ 4 ◯ 4 ◯ 4 ◯ 4 = 4

 경시대회 예상문제

1 계산 결과가 서로 같은 것을 고르시오.

> ㉠ $48 \div 3 \times 4$　　㉡ $48 \div 3 \div 4$　　㉢ $48 \div (3 \times 4)$
>
> ㉣ $48 \times 4 \div 3$　　㉤ $48 \div 4 \times 3$

[답]

2 계산에서 잘못된 곳을 찾아 바르게 계산하시오.

$$66 - 7 \times 9 + 5$$
$$= 59 \times 9 + 5$$
$$= 531 + 5$$
$$= 536$$

➡

3 등식이 성립하도록 ○ 안에 $+$, $-$, $\times$, $\div$ 의 기호를 알맞게 써넣으시오.

$$9 \bigcirc (18 \bigcirc 6) \bigcirc 4 = 112$$

4 다음 식의 계산 결과가 가장 크게 되도록 ( )를 표시하시오.

$$56 \div 4 \times 2 + 6$$

5 가※나＝가＋나×3－5라고 할 때, 다음을 구하시오.

$$(6 ※ 3) ※ 8$$

[답]

6 세 식을 하나의 식으로 나타내시오.

$$72 \div 6 = 12$$
$$5 \times 12 + 8 = 68$$
$$90 - 68 = 22$$

[식]

7 I에서 9까지의 수 중에서 □ 안에 들어갈 수 있는 수를 모두 구하시오.

$$28 \div 4 \times 8 > 44 \div 4 \times \square$$

[답]

8 등식이 성립하도록 알맞은 곳에 ( )와 { }를 표시하시오.

$$58 - 60 \div 9 - 3 \times 4 + 6 = 12$$

9 다음과 같은 5장의 숫자 카드와 $+$, $-$, $\times$, $\div$, ( )를 각각 한 번씩 모두 사용하여 계산 결과가 가장 크게 되는 식을 만들고 답을 구하시오.

[식]   [답]

10 가◎나＝(가＋나)×나－나라고 할 때, □ 안에 알맞은 수를 써넣으시오.

$$\boxed{}◎4＝32$$

11 어떤 수에서 8을 빼고 18을 곱해야 하는데 잘못하여 어떤 수에 8을 더하고 18로 나누었더니 4가 되었습니다. 바르게 계산하면 얼마인지 풀이 과정을 쓰고 답을 구하시오.

[답]

12 성현이는 8000원을 가지고 제과점에 가서 550원짜리 빵을 8개 샀습니다. 거스름돈을 받아 가게에 가서 똑같은 음료수 5개를 사려고 하니 400원이 부족하였습니다. 음료수 한 개의 값은 얼마인지 하나의 식을 써서 풀이 과정을 쓰고 답을 구하시오.

[답]

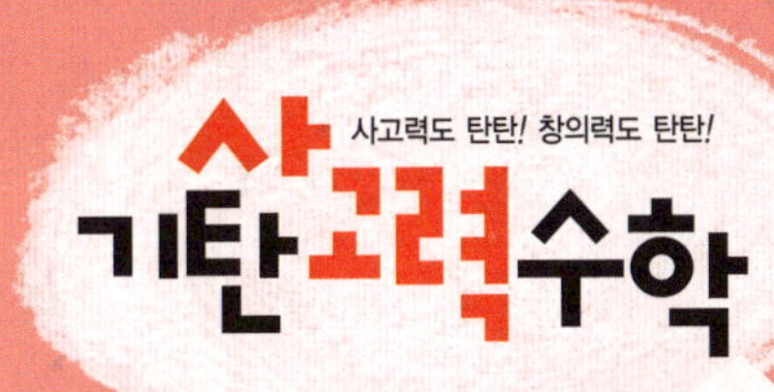

H2

··🦆 H91a ~ H105b

학습 관리표

학습 내용		이번 주는?
분수	· 분수와 진분수 · 가분수와 대분수 · 대분수를 가분수로, 가분수를 대분수로 　나타내기 · 분모가 같은 분수의 크기 비교 · 창의력 학습 · 경시대회 예상문제	• 학습 방법 : ① 매일매일　② 가끔　③ 한꺼번에 　　　　　　하였습니다. • 학습 태도 : ① 스스로 잘　② 시켜서 억지로 　　　　　　하였습니다. • 학습 흥미 : ① 재미있게　② 싫증내며 　　　　　　하였습니다. • 교재 내용 : ① 적합하다고 ② 어렵다고　③ 쉽다고 　　　　　　하였습니다.
지도 교사가 부모님께		**부모님이 지도 교사께**
평가	Ⓐ 아주 잘함　　Ⓑ 잘함　　Ⓒ 보통　　Ⓓ 부족함	

원(교)　　　　　반　이름　　　　　전화

기초부터 탄탄하게
G 기탄교육
www.gitan.co.kr / (02)586-1007(대)

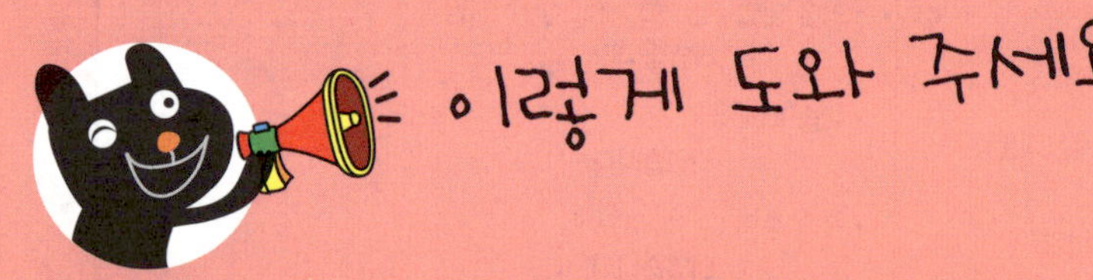

● 학습 목표

– 분수의 분모와 분자를 이해하고 진분수를 이해할 수 있습니다.
– 가분수와 대분수를 이해할 수 있습니다.
– 대분수를 가분수로, 가분수를 대분수로 나타낼 수 있습니다.
– 분모가 같은 분수의 크기를 비교할 수 있습니다.

● 지도 내용

– 분모와 분자를 약속하고 활동을 통하여 진분수, 가분수, 대분수를 약속할 수 있게
  합니다.
– 대분수를 가분수로, 가분수를 대분수로 나타내는 방법을 익히게 합니다.
– 분수의 크기를 비교하는 방법을 익히게 합니다.

● 지도 요점

이 단원에서는 분수와 관련된 용어를 배우고 개념을 익혀 나중에 배우게 될 분수
관련 문제들을 해결할 수 있는 기초를 닦게 합니다.

확인

✿ 이름 :

✿ 날짜 :

✿ 시간 :　시　분 ~　시　분

◆ **분수와 진분수(1)** ◆

- 분수에서 가로 선의 아래쪽에 있는 수를 분모, 위쪽에 있는 수를 분자라고 합니다.

$$\text{가로 선} \rightarrow \frac{3 \leftarrow \text{분자}}{5 \leftarrow \text{분모}}$$

- $\frac{1}{4}$, $\frac{2}{4}$, $\frac{3}{4}$과 같이 분자가 분모보다 작은 분수를 진분수라고 합니다.

1 □ 안에 알맞은 수나 말을 써넣으시오.

$\frac{1}{2}$에서 2는 □이고 1은 □입니다.

$\frac{2}{3}$에서 분자는 □이고 분모는 □입니다.

$\frac{1}{2}$은 분자가 분모보다 작은 분수이므로 □입니다.

2 다음 중 분모가 3인 분수를 찾아 쓰시오.

$$\frac{2}{4} \qquad \frac{3}{5} \qquad \frac{1}{2} \qquad \frac{2}{3} \qquad \frac{4}{5}$$

[답]

🐸 분수만큼 각 그림에 색칠하시오. [3~8]

3  $\dfrac{1}{4}$ 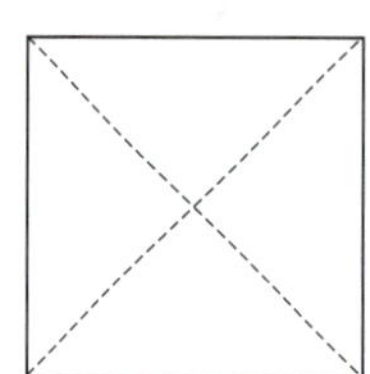

4 $\dfrac{3}{6}$ 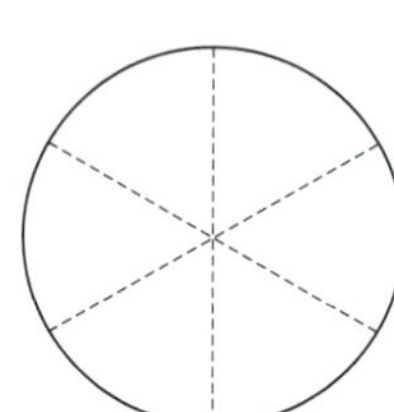

5 $\dfrac{2}{5}$ 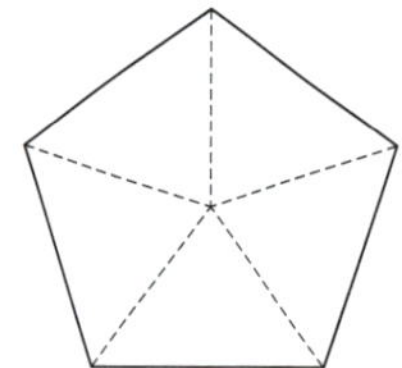

6 $\dfrac{3}{8}$ 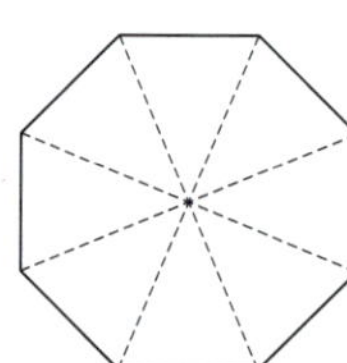

7 $\dfrac{5}{9}$

8 $\dfrac{4}{10}$ 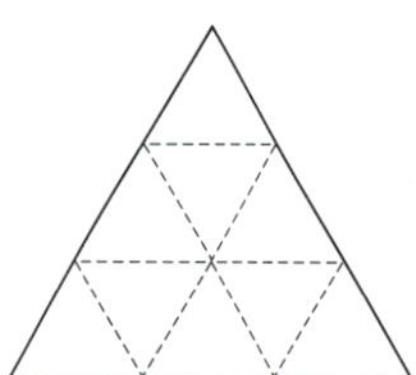

9 진분수를 모두 찾아 쓰시오.

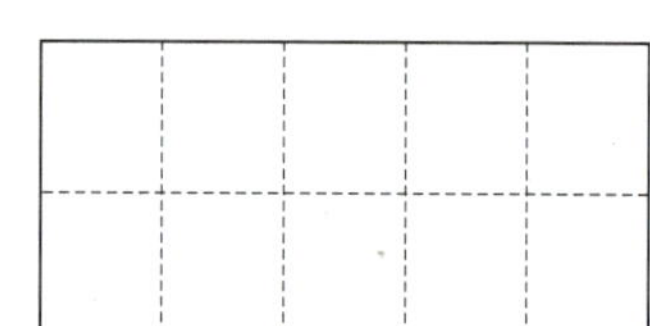

$$\dfrac{2}{5} \qquad \dfrac{4}{4} \qquad \dfrac{5}{8} \qquad 1\dfrac{2}{7} \qquad \dfrac{7}{6}$$

[답]

◆ **분수와 진분수**(2) ◆

1 분자가 가장 큰 분수는 어느 것입니까? (   )

① $\dfrac{2}{7}$ ② $\dfrac{1}{12}$ ③ $\dfrac{5}{6}$

④ $\dfrac{3}{15}$ ⑤ $\dfrac{4}{10}$

2 분모가 8인 분수를 모두 찾아 쓰시오.

$$\dfrac{4}{5} \qquad \dfrac{8}{12} \qquad \dfrac{6}{8} \qquad \dfrac{1}{9} \qquad \dfrac{11}{8}$$

[답]

3 수직선에서 진분수를 모두 찾아 ◯표 하시오.

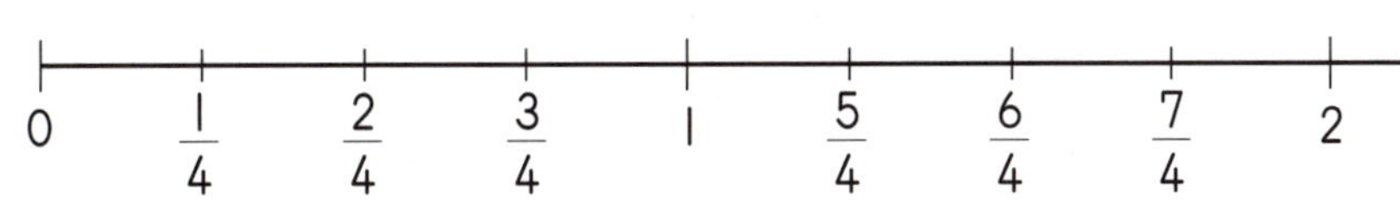

사고력 학습

 물음에 답하시오. [4~6]

4 분모가 5인 진분수를 모두 쓰시오.

[답]

5 분모가 6인 진분수를 모두 쓰시오.

[답]

6 분모가 9인 진분수를 모두 쓰시오.

[답]

7 다음에서 말하는 수는 어떤 수입니까?

- 진분수입니다.
- 분모와 분자를 합하면 13입니다.
- 분모와 분자의 차는 1입니다.

[답]

✿ 이름 :

✿ 날짜 :

✿ 시간 :　　시　　분 ~　　시　　분

◆ **가분수와 대분수(1)** ◆

- $\frac{2}{2}$, $\frac{5}{3}$, $\frac{8}{4}$ 과 같이 분자가 분모와 같거나 분모보다 큰 분수를 가분수라고 합니다.

- $1\frac{1}{3}$, $3\frac{4}{6}$ 와 같이 자연수와 진분수로 이루어진 분수를 대분수라고 합니다.

1 □ 안에 알맞은 수나 말을 써넣으시오.

$$\frac{4}{4} \qquad \frac{3}{2} \qquad \frac{8}{8} \qquad 2\frac{3}{5} \qquad \frac{9}{6} \qquad 3\frac{1}{10}$$

$\frac{4}{4}$, $\frac{8}{8}$ 은 분자가 분모와 같은 분수이므로 □ 입니다.

$\frac{3}{2}$, $\frac{9}{6}$ 는 분자가 분모보다 큰 분수이므로 □ 입니다.

$2\frac{3}{5}$, $3\frac{1}{10}$ 은 자연수와 진분수로 이루어진 분수이므로 □ 입니다.

( ) 안에 가분수는 '가', 대분수는 '대' 라고 써넣으시오. [2~4]

2 $\frac{8}{5}$ ➡ (　　) 　　 **3** $1\frac{8}{9}$ ➡ (　　) 　　 **4** $\frac{12}{12}$ ➡ (　　)

사고력 학습

다음 그림을 보고 가분수와 대분수로 나타내시오. [5~7]

5

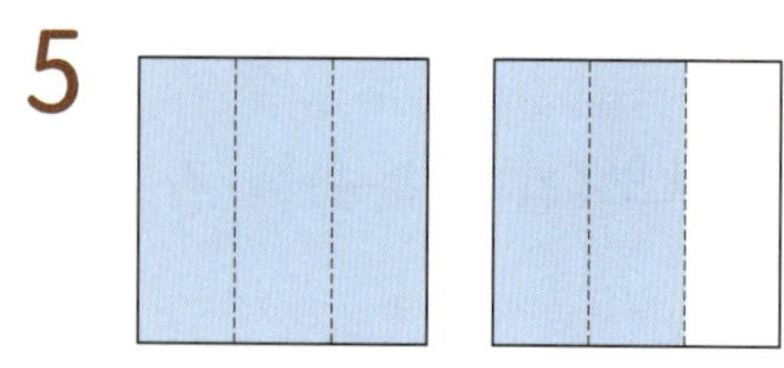

[가분수]   [대분수]

6

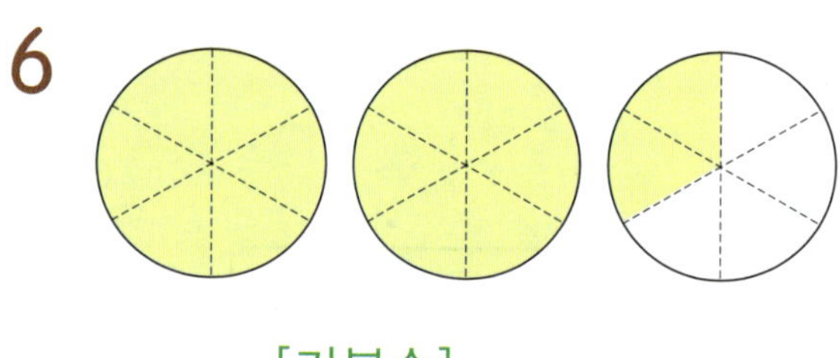

[가분수]   [대분수]

7

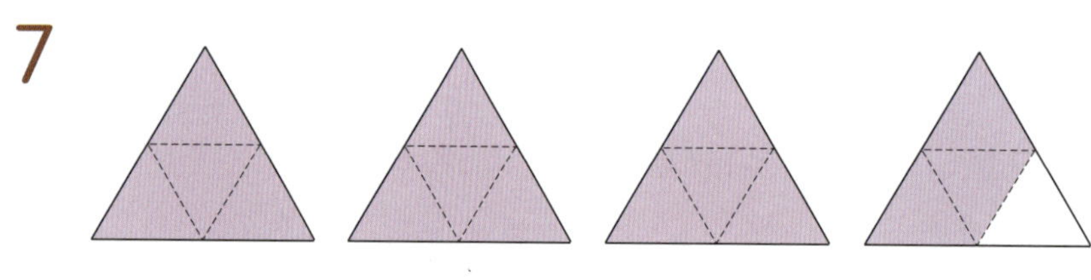

[가분수]   [대분수]

8 수직선을 보고 □ 안에 알맞은 대분수를 써넣으시오.

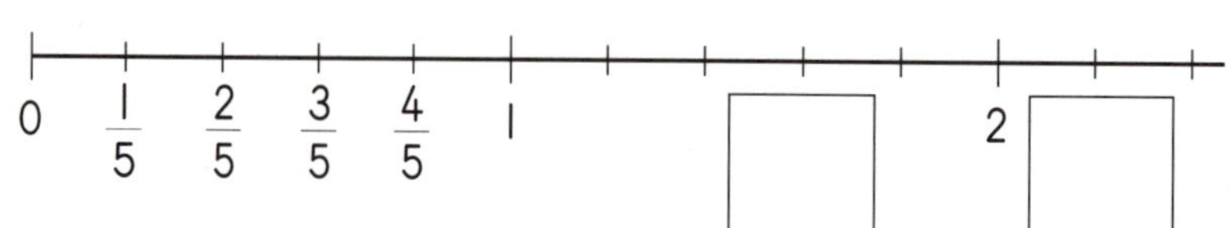

◆ **가분수와 대분수(2)** ◆

다음을 보고 물음에 답하시오. [1~2]

$$2\frac{2}{5} \qquad \frac{7}{4} \qquad 1\frac{3}{8} \qquad 5\frac{2}{3} \qquad \frac{12}{8} \qquad \frac{9}{7}$$

1 가분수를 모두 찾아 쓰시오.

[답] ______________________

2 대분수를 모두 찾아 쓰시오.

[답] ______________________

3 분자가 4인 가분수를 모두 쓰시오.

[답] ______________________

4 분모가 7인 가분수 중에서 가장 작은 수를 구하시오.

[답] ______________________

5 다음 숫자 카드 중에서 2장을 골라 만들 수 있는 가분수를 모두 쓰시오.

[답]

6 지용이는 색종이로 개구리를 만들기 위해 색종이 2장을 다 사용하고, 다른 1장을 똑같이 3조각으로 나눈 것 중의 2조각을 더 사용하였습니다. 지용이가 사용한 색종이는 모두 몇 장인지 대분수로 나타내시오.

[답]

7 다음 조건을 모두 만족하는 분수는 모두 몇 개입니까?

- 자연수 부분이 1인 대분수입니다.
- 분모는 한 자리 수입니다.
- 분자는 6입니다.

[답]

사고력 학습

◆ 대분수를 가분수로, 가분수를 대분수로 나타내기(1) ◆

1 그림을 보고 □ 안에 알맞은 수를 써넣으시오.

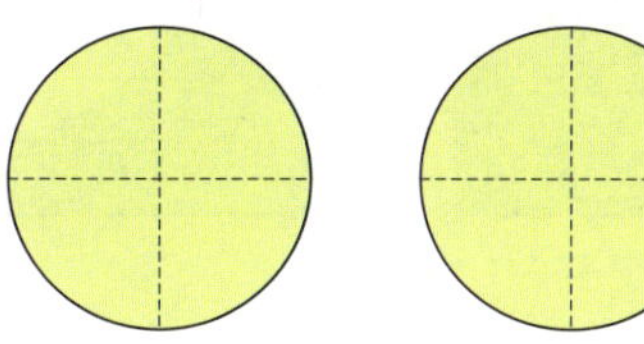

(1) 색칠한 부분을 대분수로 나타내면 $\square\dfrac{\square}{\square}$ 입니다.

(2) 색칠한 부분을 나타낸 $\square\dfrac{\square}{\square}$ 은 $\dfrac{1}{4}$ 이 $\square$ 개 있습니다.

(3) 대분수 $2\dfrac{1}{4}$ 을 가분수로 나타내면 $\dfrac{\square}{\square}$ 입니다.

2 □ 안에 알맞은 수를 써넣으시오.

대분수 $1\dfrac{2}{3}$ 를 가분수로 나타내면

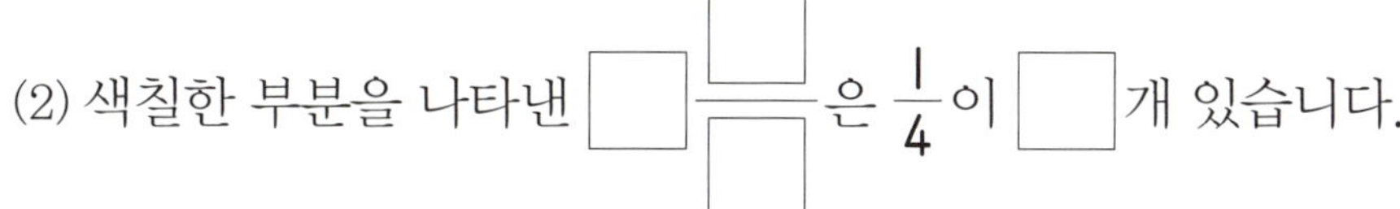

$$1\dfrac{2}{3} = \dfrac{1 \times \square + \square}{3} = \dfrac{\square}{\square}$$

3 그림을 보고 □ 안에 알맞은 수를 써넣으시오.

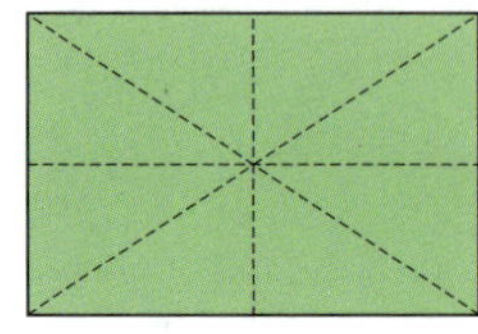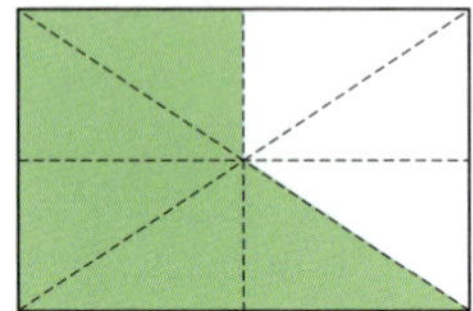

(1) 색칠한 부분을 가분수로 나타내면 $\dfrac{\square}{\square}$ 입니다.

(2) 완전하게 칠한 사각형은 $\square$ 개 있습니다.

(3) 사각형의 일부분만 색칠한 부분은 $\dfrac{\square}{\square}$ 입니다.

(4) 가분수 $\dfrac{13}{8}$ 을 대분수로 나타내면 $\square\dfrac{\square}{\square}$ 입니다.

4 □ 안에 알맞은 수를 써넣으시오.

가분수 $\dfrac{8}{3}$ 을 대분수로 나타내면 $8 \div 3 = \square \cdots \square$ 이므로

$$\dfrac{8}{3} = \square\dfrac{\square}{3}$$

✿ 이름 :

✿ 날짜 :

✿ 시간 :   　시　　분 ~ 　시　　분

확인

◆ **대분수를 가분수로, 가분수를 대분수로 나타내기 (2)** ◆

🐸 　보기　와 같이 대분수를 가분수로 나타내시오. [1~2]

보기

$$3\frac{2}{4} = \frac{3 \times 4 + 2}{4} = \frac{14}{4}$$

1 $4\dfrac{1}{5} + \dfrac{4 \times \Box + \Box}{5} = \dfrac{\Box}{\Box}$

2 $5\dfrac{7}{10} + \dfrac{5 \times \Box + \Box}{10} = \dfrac{\Box}{\Box}$

🐸 대분수를 가분수로 나타내어 보시오. [3~8]

3 $1\dfrac{4}{7} = \dfrac{\Box}{\Box}$

4 $2\dfrac{1}{2} = \dfrac{\Box}{\Box}$

5 $6\dfrac{2}{9} = \dfrac{\Box}{\Box}$

6 $4\dfrac{5}{6} = \dfrac{\Box}{\Box}$

7 $3\dfrac{4}{11} = \dfrac{\Box}{\Box}$

8 $5\dfrac{13}{15} = \dfrac{\Box}{\Box}$

🐸 보기 와 같이 가분수를 대분수로 나타내시오. [9~11]

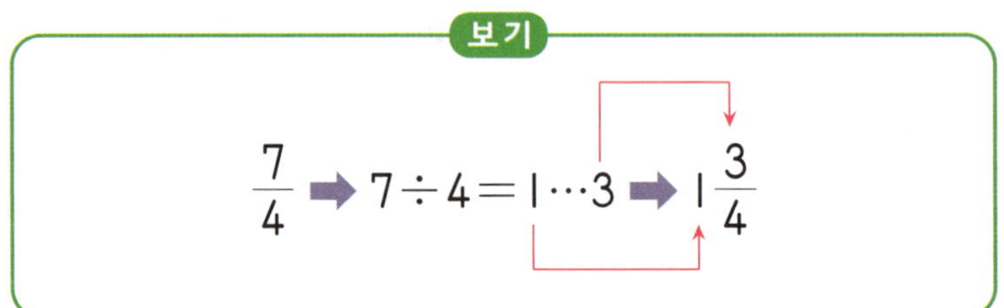

보기

$$\frac{7}{4} \Rightarrow 7 \div 4 = 1 \cdots 3 \Rightarrow 1\frac{3}{4}$$

9 $\frac{11}{5}$ $\Rightarrow$ 11 ÷ □ = □ ⋯ □ $\Rightarrow$ □ $\frac{□}{□}$

10 $\frac{15}{4}$ $\Rightarrow$ 15 ÷ □ = □ ⋯ □ $\Rightarrow$ □ $\frac{□}{□}$

11 $\frac{33}{13}$ $\Rightarrow$ 33 ÷ □ = □ ⋯ □ $\Rightarrow$ □ $\frac{□}{□}$

🐸 가분수를 대분수로 나타내어 보시오. [12~17]

12 $\frac{10}{7}$ = □ $\frac{□}{□}$

13 $\frac{13}{2}$ = □ $\frac{□}{□}$

14 $\frac{18}{5}$ = □ $\frac{□}{□}$

15 $\frac{36}{8}$ = □ $\frac{□}{□}$

16 $\frac{53}{11}$ = □ $\frac{□}{□}$

17 $\frac{52}{15}$ = □ $\frac{□}{□}$

◆ **대분수를 가분수로, 가분수를 대분수로 나타내기(3)** ◆

1 그림을 보고 대분수를 가분수로 나타내어 보시오.

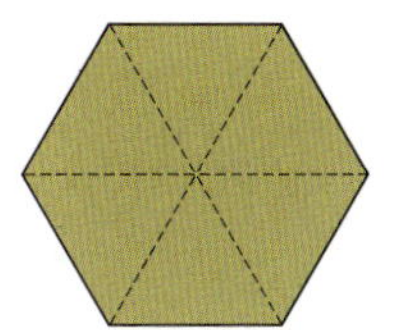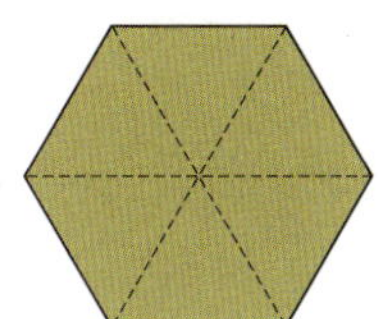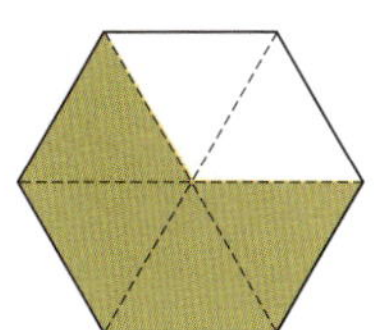

$$2\frac{4}{6} = \frac{\square}{\square}$$

그림을 보고 대분수로 나타낸 후 가분수로 나타내시오. [2~3]

2
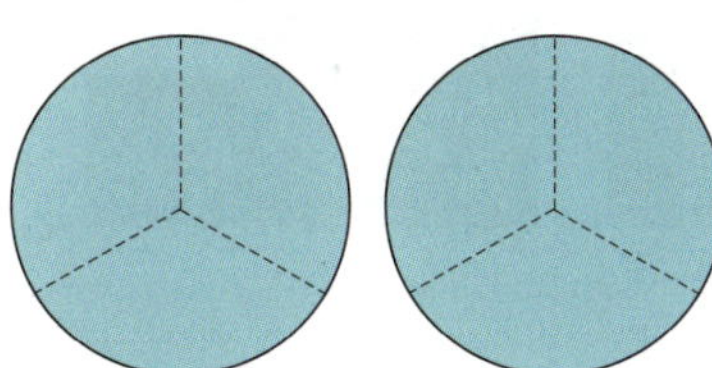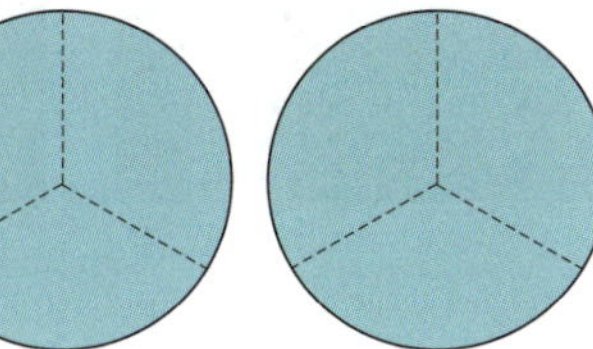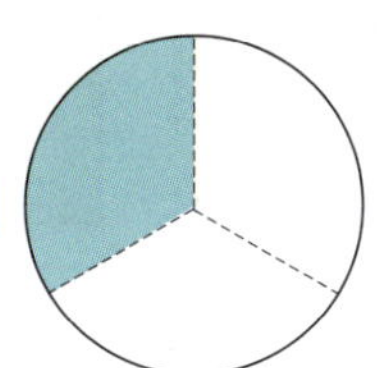

$$\square\frac{\square}{\square} = \frac{\square}{\square}$$

3
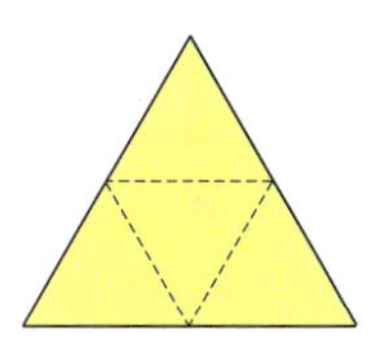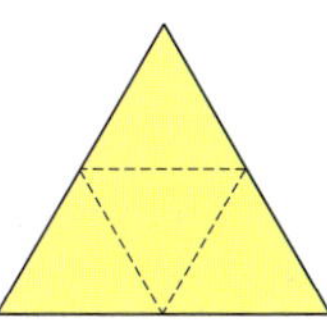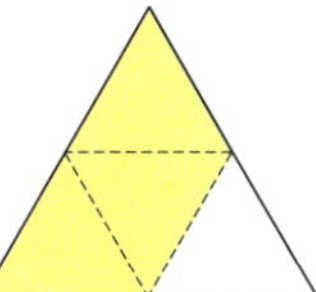

$$\square\frac{\square}{\square} = \frac{\square}{\square}$$

4 다음 중 대분수를 가분수로 잘못 나타낸 것은 어느 것입니까? (   )

① $2\frac{3}{6} = \frac{15}{6}$　　② $5\frac{3}{4} = \frac{23}{4}$　　③ $3\frac{2}{8} = \frac{26}{8}$

④ $4\frac{2}{5} = \frac{22}{5}$　　⑤ $1\frac{7}{12} = \frac{17}{12}$

5 그림을 보고 가분수로 나타낸 후 대분수로 나타내시오.

 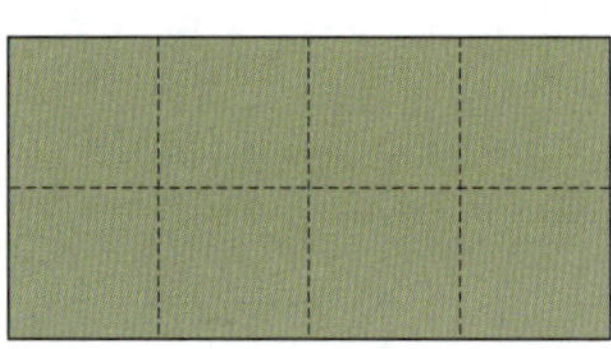 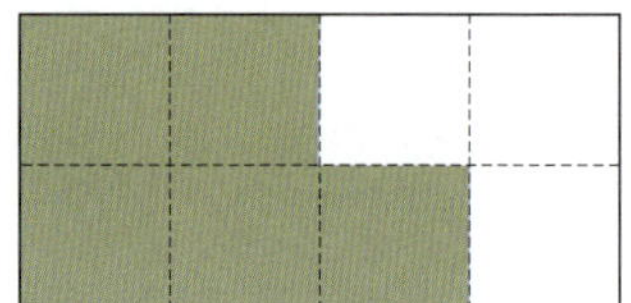

$$\frac{\boxed{}}{8} = \boxed{}\frac{\boxed{}}{\boxed{}}$$

6 다음 중 가분수를 대분수로 바르게 나타낸 것은 어느 것입니까? (   )

① $\frac{6}{4} = 1\frac{3}{4}$　　② $\frac{13}{7} = 1\frac{3}{7}$　　③ $\frac{24}{9} = 2\frac{4}{9}$

④ $\frac{32}{5} = 6\frac{2}{5}$　　⑤ $\frac{34}{11} = 3\frac{4}{11}$

사고력 학습

✿ 이름 :

✿ 날짜 :

✿ 시간 :　　시　분 ~　　시　분

확인

◆ 대분수를 가분수로, 가분수를 대분수로 나타내기 (4) ◆

다음 물음에 답하시오. [1~2]

1 $4\frac{1}{7}$ 은 $\frac{1}{7}$ 이 몇 개인 수입니까?

[답]

2 $6\frac{7}{9}$ 은 $\frac{1}{9}$ 이 몇 개인 수입니까?

[답]

3 대분수를 가분수로 나타내었을 때 분자가 가장 큰 것의 기호를 쓰시오.

> ㉠ $4\frac{2}{5}$　　㉡ $3\frac{1}{7}$　　㉢ $10\frac{1}{2}$　　㉣ $5\frac{3}{4}$

[답]

4 가분수 $\frac{★}{12}$ 에서 ★을 12로 나누었더니 몫이 2이고, 나머지가 7이었습니다.

이 가분수를 대분수로 나타내시오.

[답]

5 가분수 $\dfrac{74}{9}$ 를 대분수로 나타내면 $㉠\dfrac{㉡}{9}$ 입니다. ㉠과 ㉡의 합을 구하시오.

[답] ___________

6 다음 숫자 카드를 한 번씩 이용하여 만들 수 있는 대분수를 모두 쓰고, 만든 대분수를 가분수로 나타내어 보시오.

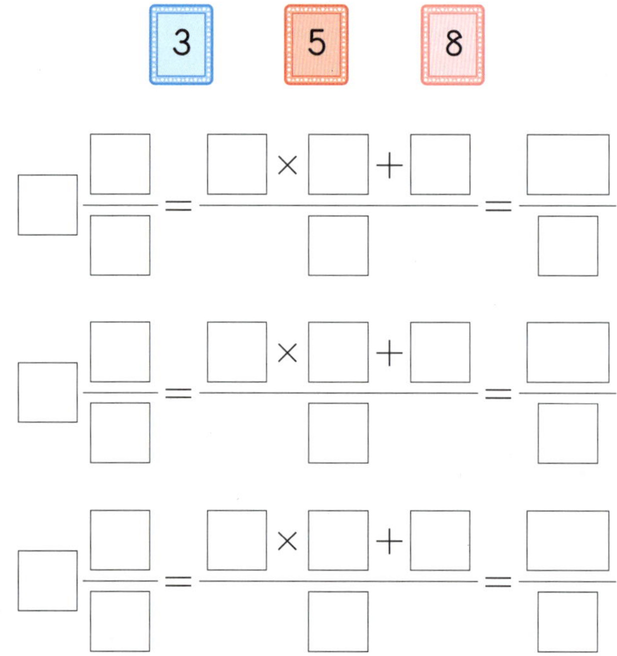

7 분자와 분모의 합이 19이고 차가 1인 가분수가 있습니다. 이 가분수를 구하고 대분수로 나타내어 보시오.

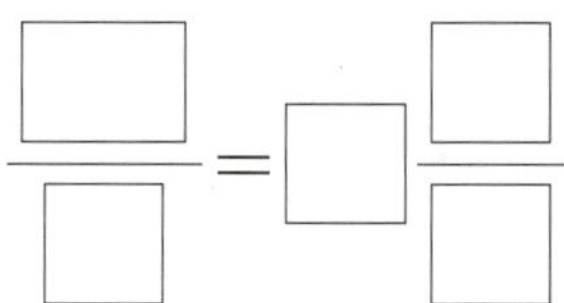

H-99a

◆ **분모가 같은 분수의 크기 비교**(1) ◆

분수의 크기를 비교하여 ○ 안에 >, <를 알맞게 써넣으시오. [1~2]

1

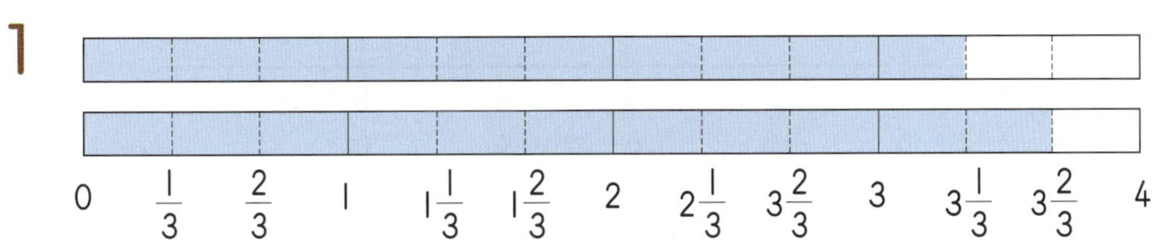

$$3\frac{1}{3} \bigcirc 3\frac{2}{3}$$

2

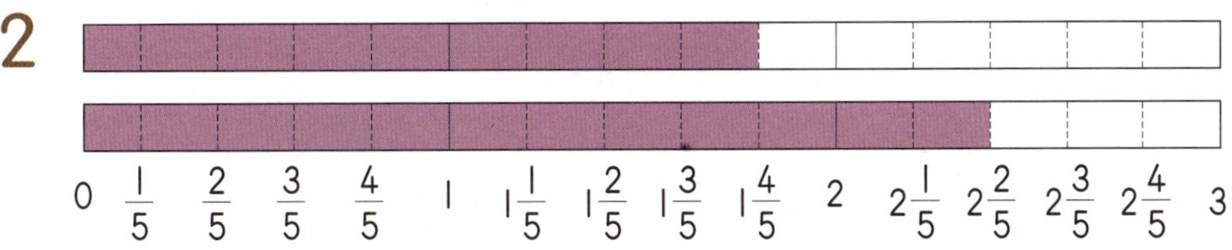

$$1\frac{4}{5} \bigcirc 2\frac{2}{5}$$

3 분수만큼 색칠하고 크기를 비교하여 ○ 안에 >, <를 알맞게 써넣으시오.

$3\dfrac{1}{4}$ 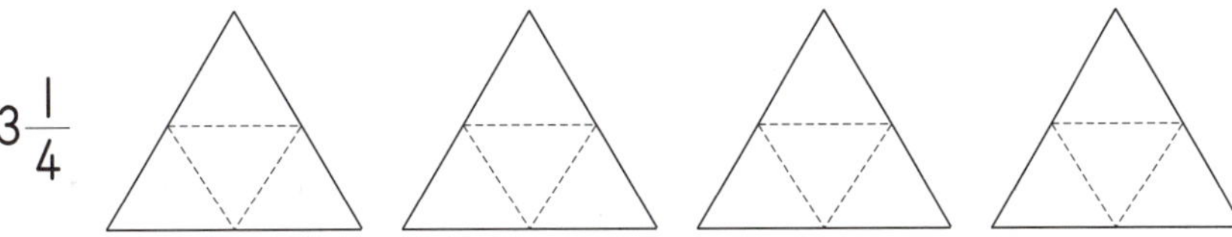

$2\dfrac{3}{4}$ 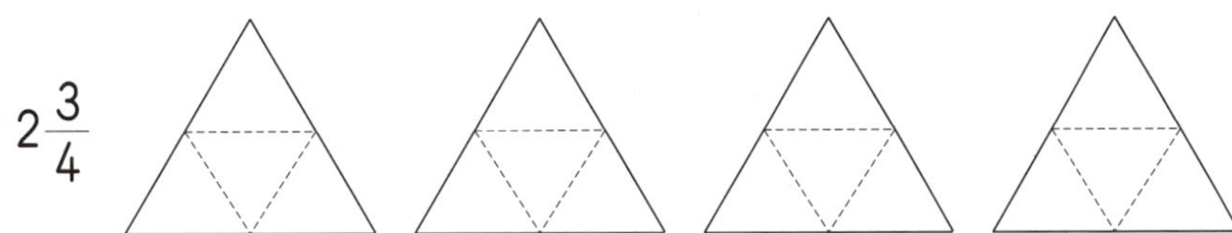

$$3\frac{1}{4} \bigcirc 2\frac{3}{4}$$

사고력 학습

4 수직선을 이용하여 두 분수의 크기를 비교하려고 합니다. ○ 안에 >, <를 알맞게 써넣으시오.

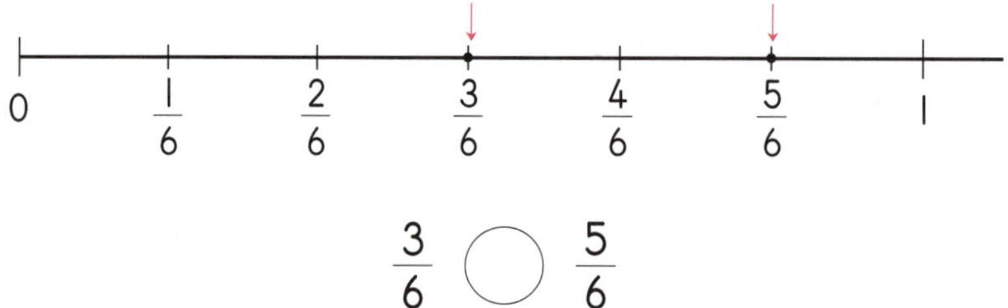

$$\frac{3}{6} \; \bigcirc \; \frac{5}{6}$$

□ 안에 알맞은 수를 써넣고 ○ 안에 >, <를 알맞게 써넣으시오. [5~7]

5
$$\frac{5}{9} \; \bigcirc \; \frac{4}{9}$$

➡ 분자의 크기를 비교하면 □가 □보다 큽니다.

6
$$2\frac{3}{12} \; \bigcirc \; 1\frac{10}{12}$$

➡ 자연수 부분의 크기를 비교하면 □가 □보다 큽니다.

7
$$4\frac{2}{7} \; \bigcirc \; 4\frac{4}{7}$$

➡ 분자의 크기를 비교하면 □가 □보다 큽니다.

H-100a

★ 이름 :
★ 날짜 :
★ 시간 :   시   분 ~   시   분

◆ **분모가 같은 분수의 크기 비교(2)** ◆

두 분수 중에서 더 큰 분수를 찾아 ○표 하시오. [1~5]

1 $\dfrac{4}{5}$ $\dfrac{1}{5}$

2 $\dfrac{9}{8}$ $\dfrac{14}{8}$

3 $2\dfrac{3}{9}$ $1\dfrac{6}{9}$

4 $5\dfrac{7}{15}$ $5\dfrac{12}{15}$

5 $10\dfrac{6}{7}$ $10\dfrac{4}{7}$

사고력 학습

사고력 학습

분수의 크기를 비교하여 ○ 안에 >, <를 알맞게 써넣으시오. [6~15]

6 $\dfrac{3}{4}$ ○ $\dfrac{2}{4}$

7 $\dfrac{7}{8}$ ○ $\dfrac{5}{8}$

8 $\dfrac{12}{10}$ ○ $\dfrac{11}{10}$

9 $\dfrac{17}{14}$ ○ $\dfrac{20}{14}$

10 $2\dfrac{2}{5}$ ○ $3\dfrac{1}{5}$

11 $6\dfrac{7}{9}$ ○ $5\dfrac{8}{9}$

12 $2\dfrac{5}{6}$ ○ $2\dfrac{3}{6}$

13 $6\dfrac{5}{10}$ ○ $6\dfrac{8}{10}$

14 $4\dfrac{7}{18}$ ○ $4\dfrac{12}{18}$

15 $8\dfrac{7}{20}$ ○ $8\dfrac{4}{20}$

사고력 학습

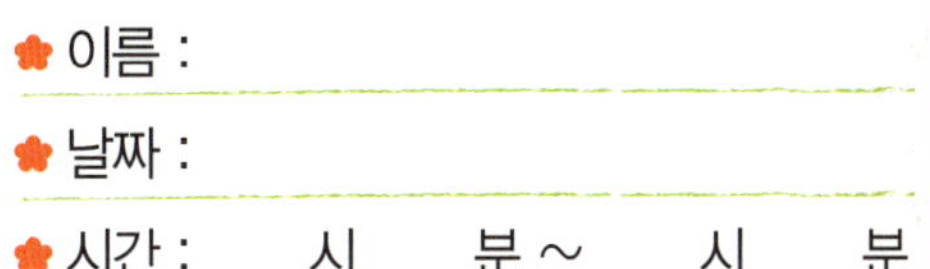

◆ 분모가 같은 분수의 크기 비교(3) ◆

분수를 수직선에 화살표(↑)로 나타내고 큰 수부터 차례로 쓰시오. [1~3]

1

$$\dfrac{2}{8} \qquad \dfrac{7}{8} \qquad \dfrac{4}{8}$$

0 ———————————————————— 1

[답]

2

$$\dfrac{10}{4} \qquad \dfrac{5}{4} \qquad \dfrac{7}{4}$$

0 ——— 1 ——— 2 ——— 3

[답]

3

$$2\dfrac{1}{5} \qquad 1\dfrac{2}{5} \qquad 2\dfrac{4}{5}$$

0 ——— 1 ——— 2 ——— 3

[답]

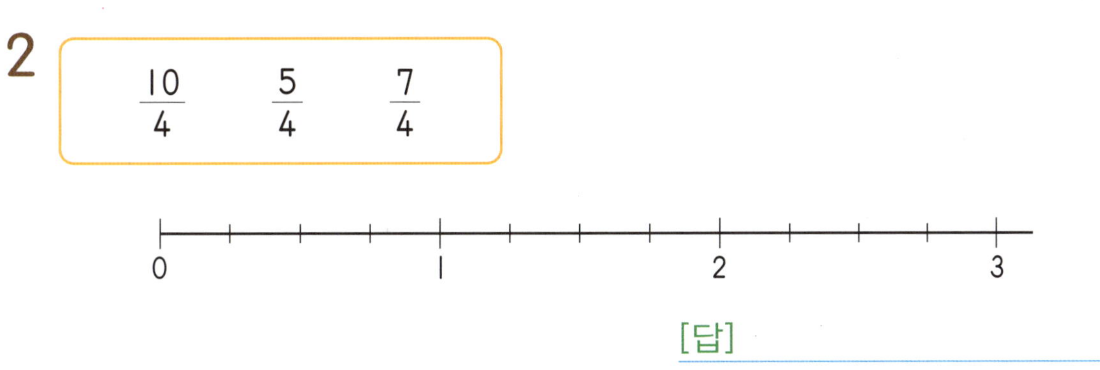

사고력 학습

4 $4\frac{4}{9}$ 보다 작은 분수를 모두 찾아 기호를 쓰시오.

> ㉠ $5\frac{1}{9}$　　㉡ $2\frac{6}{9}$　　㉢ $4\frac{8}{9}$　　㉣ $3\frac{8}{9}$

[답]

5 □ 안에 들어갈 수 있는 수에 모두 ○표 하시오.

> $\dfrac{\square}{7} < \dfrac{4}{7}$

(1, 2, 3, 4, 5, 6, 7, 8, 9)

6 □ 안에 들어갈 수 있는 자연수를 모두 쓰시오.

> $3\frac{3}{6} > \square\frac{5}{6}$

[답]

◆ 분모가 같은 분수의 크기 비교(4) ◆

1 분모가 5인 분수 중에서 $\frac{2}{5}$ 보다 큰 진분수를 모두 쓰시오.

[답]

2 분모가 8인 분수 중에서 $4\frac{3}{8}$ 보다 크고 $4\frac{7}{8}$ 보다 작은 대분수를 모두 쓰시오.

[답]

3 개취네 집에서 미야네 집과 무콩네 집 중 더 먼 곳은 어느 곳입니까?

[답]

4 미령이는 $\frac{5}{6}$ 시간 동안 책을 읽었고, 민성이는 $\frac{7}{6}$ 시간 동안 책을 읽었습니다. 누가 더 오래 책을 읽었습니까?

[답]

5 다람이는 $\frac{12}{7}$ kg의 도토리를 모았고, 아람이는 $\frac{10}{7}$ kg의 도토리를 모았습니다. 누가 도토리를 더 많이 모았습니까?

[답]

6 우정이, 경수, 호진이가 테이프를 가지고 있습니다. 호진이의 테이프가 $1\frac{4}{5}$ m로 가장 길고, 우정이의 테이프가 $1\frac{1}{5}$ m로 가장 짧습니다. 경수가 가지고 있는 테이프의 길이는 몇 m가 될 수 있는지 분모가 5인 대분수로 모두 쓰시오.

[답]

🌐 창의력 학습

사랑이가 남자 친구를 찾아가려고 합니다. 갈림길에서 나오는 분수 중 더 큰 쪽으로 가면 남자 친구가 있는 곳으로 갈 수 있습니다. 사랑이가 잘 찾아갈 수 있도록 길을 표시해 주세요.

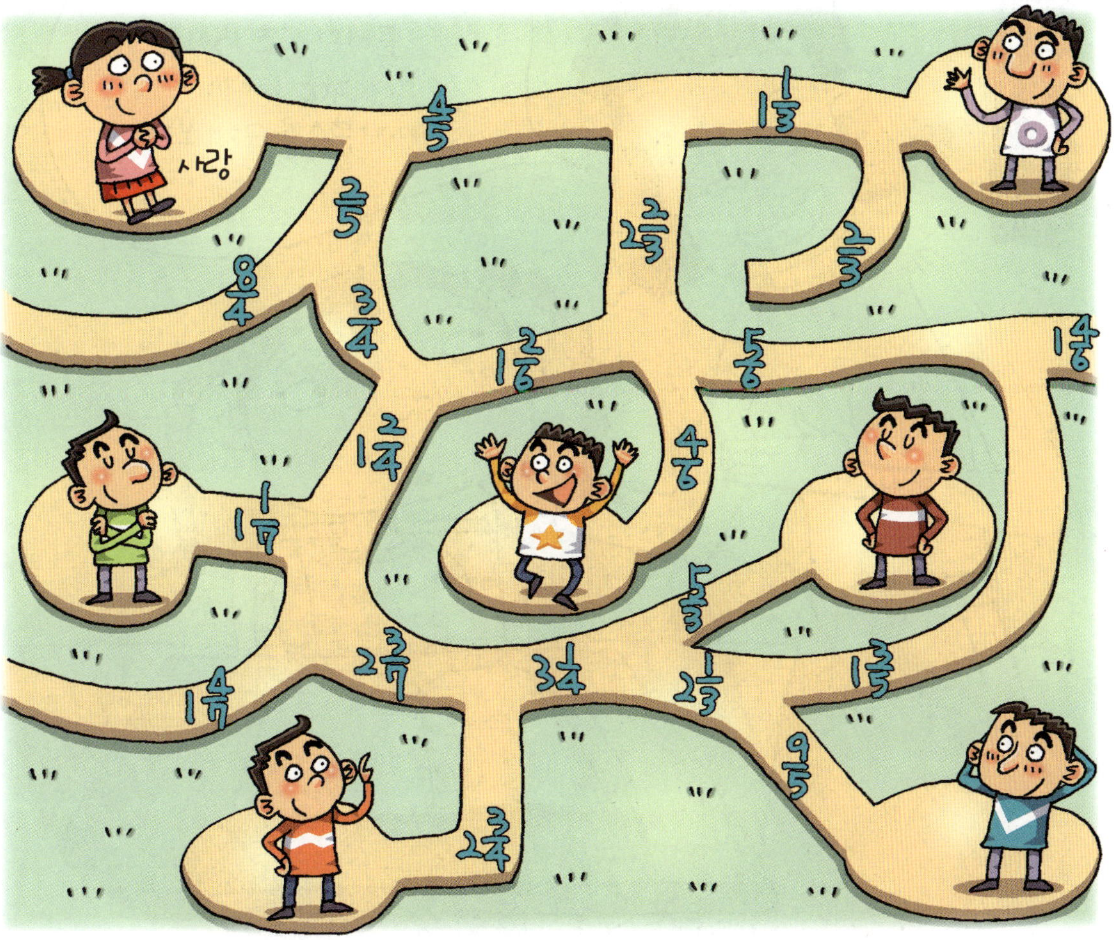

선생님이 영지에게 다음과 같은 문제를 내주셨습니다. 이 문제를 풀어야 영지는 행운의 붙임 딱지를 받을 수 있습니다. 여러분도 영지와 함께 문제를 풀어 보세요.

[답]

➕ 경시대회 예상문제

1 다음 숫자 카드 중에서 2장을 사용하여 진분수를 만들려고 합니다. 만들 수 있는 진분수는 모두 몇 개입니까?

[답]

2 자연수 부분이 4이고 분모가 5인 대분수는 모두 몇 개입니까?

[답]

3 분모와 분자의 합이 10인 진분수를 모두 쓰시오.

[답]

4 분모가 5인 가분수 중에서 $2\frac{1}{5}$보다 작은 분수를 모두 쓰시오.

[답]

5 어떤 가분수의 분자를 분모 14로 나눈 후 검산한 것입니다. 이 가분수를 대분수로 나타내시오.

$$검산 : 14 \times 4 + 9 = 65$$

[답]

6 서연이는 우유를 하루에 $\dfrac{1}{2}$ L씩 마십니다. 일주일 동안 서연이가 마신 우유의 양은 몇 L인지 대분수로 나타내시오.

[답]

7 다음 중 $\dfrac{5}{6}$ 와 $1\dfrac{4}{6}$ 사이에 있는 분수를 모두 찾아 쓰시오.

$$\dfrac{3}{6} \qquad \dfrac{4}{6} \qquad \dfrac{7}{6} \qquad \dfrac{9}{6} \qquad \dfrac{10}{6}$$

[답]

8 다음 숫자 카드로 만들 수 있는 가장 작은 대분수를 구하시오.

  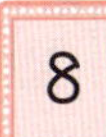

[답] ______________________

서술형·논술형

9 □ 안에 들어갈 수 있는 수를 모두 구하는 풀이 과정을 쓰고 답을 구하시오.

$$4\frac{3}{8} < \frac{\square}{8} < 5\frac{1}{8}$$

____

____

[답] ______________________

10 다음과 같은 분수 카드의 분모가 얼룩이 묻어서 보이지 않습니다. 이 분수가 가분수일 때, 분모가 될 수 <u>없는</u> 수는 어느 것입니까? (　　　　　)

① 3　　　　② 5　　　　③ 6　　　　④ 7　　　　⑤ 8

11 케이크 한 개를 만드는 데 $\dfrac{1}{5}$ kg의 밀가루가 필요합니다. 밀가루 $3\dfrac{3}{5}$ kg으로는 케이크를 몇 개까지 만들 수 있는지 풀이 과정을 쓰고 답을 구하시오.

[답]

12 1부터 9까지의 수 중에서 □ 안에 들어갈 수 있는 가장 큰 수는 얼마입니까?

$$5\dfrac{\square}{12} < \dfrac{65}{12}$$

[답]

13 4와 5 사이에 있는 분수 중에서 분모가 13인 가장 큰 가분수는 얼마입니까?

[답]

H2

H106a ~ H120b

학습 관리표

학습 내용		이번 주는?
확인 학습	· 삼각형 · 혼합 계산 · 분수 · 창의력 학습 · 경시대회 예상문제 · 성취도 테스트	• 학습 방법 : ① 매일매일　② 가끔　③ 한꺼번에 　　　　　　하였습니다. • 학습 태도 : ① 스스로 잘　② 시켜서 억지로 　　　　　　하였습니다. • 학습 흥미 : ① 재미있게　② 싫증내며 　　　　　　하였습니다. • 교재 내용 : ① 적합하다고 ② 어렵다고　③ 쉽다고 　　　　　　하였습니다.
지도 교사가 부모님께		**부모님이 지도 교사께**
평가	Ⓐ 아주 잘함　　　Ⓑ 잘함　　　Ⓒ 보통　　　Ⓓ 부족함	

원(교)　　　　　반　이름　　　　　　전화

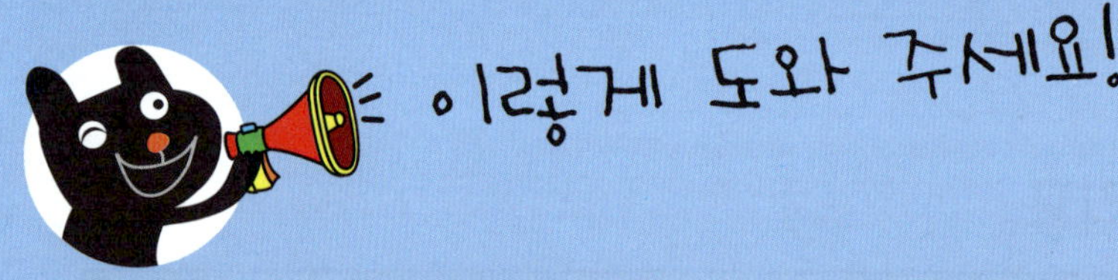

● 학습 목표

– 이등변삼각형, 정삼각형, 예각과 둔각, 예각삼각형과 둔각삼각형의 개념을 형성할 수 있습니다.

– 덧셈, 뺄셈, 곱셈, 나눗셈, ( ), { }가 섞여 있는 식의 계산 순서를 알고 계산할 수 있습니다.

– 분수의 분자와 분모, 진분수, 가분수, 대분수를 이해하고, 대분수를 가분수로 가분수를 대분수로 나타낼 수 있습니다. 또한 분모가 같은 분수의 크기를 비교할 수 있습니다.

● 지도 내용

– 이등변삼각형, 정삼각형의 성질을 알고 정삼각형을 그릴 수 있게 합니다.

– 여러 가지 각을 알고 예각삼각형, 둔각삼각형을 알게 합니다.

– 혼합 계산에서 계산 순서를 알고 순서에 맞게 계산할 수 있게 합니다.

– 분모와 분자를 약속하고 진분수, 가분수, 대분수를 약속하게 합니다.

– 대분수를 가분수로, 가분수를 대분수로 나타내고 분수의 크기 비교 방법을 알게 합니다.

● 지도 요점

앞에서 학습한 삼각형, 혼합 계산, 분수를 알고 확인 학습하는 곳입니다. 여러 유형의 문제를 접해 보게 함으로써 아이가 학습한 지식을 잘 활용할 수 있도록 지도해 주십시오. 그리고 성취도 테스트를 이용해서 주어진 시간 내에 주어진 문제를 푸는 연습을 하도록 지도해 주십시오.

H-106a

✿ 이름 :
✿ 날짜 :
✿ 시간 :　　시　　분 ~ 　　시　　분

◆ 삼각형 ◆

🐸 다음 도형을 보고 물음에 답하시오. [1~2]

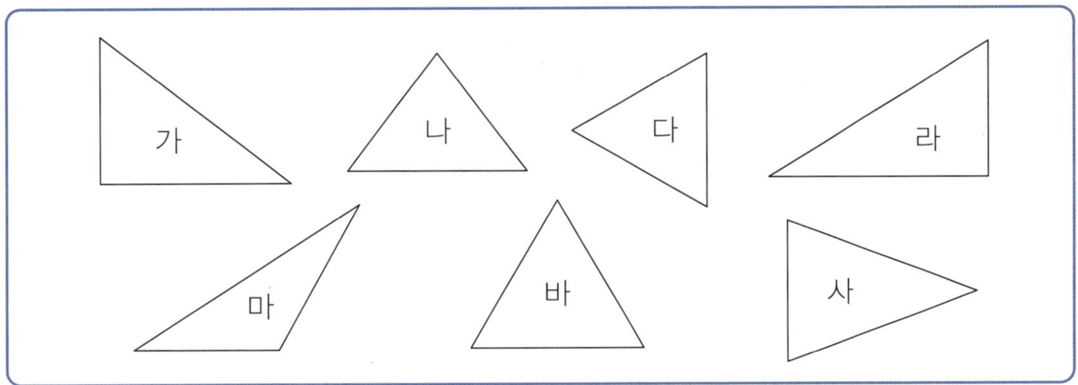

1 이등변삼각형을 모두 찾아 쓰시오.

[답]

2 정삼각형을 모두 찾아 쓰시오.

[답]

3 다음은 어떤 도형에 대한 설명입니까?

> • 두 변의 길이가 같은 삼각형입니다.
> • 두 각의 크기가 같습니다.

[답]

확인 학습

4 점판에서 세 점을 이어 서로 다른 이등변삼각형을 2개 그려 보시오.

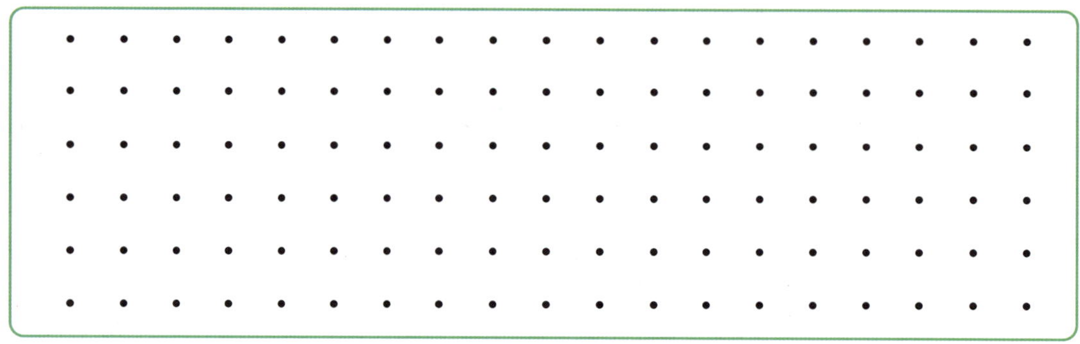

5 다음은 이등변삼각형입니다. ☐ 안에 알맞은 수를 써넣으시오.

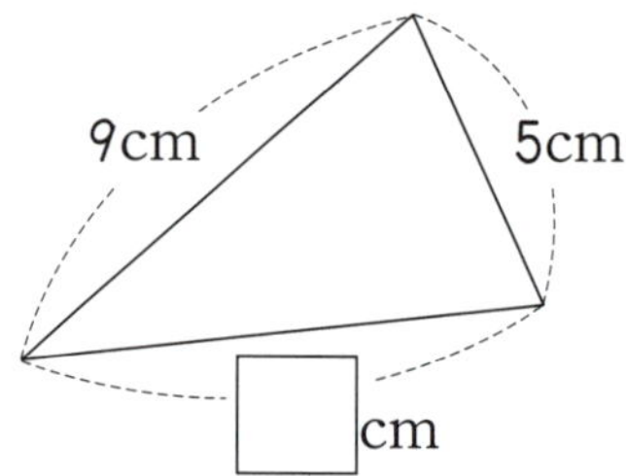

6 삼각형 ㄱㄴㄷ은 이등변삼각형입니다. 삼각형의 세 변의 길이의 합이 48cm 일 때 변 ㄱㄴ의 길이는 몇 cm 입니까?

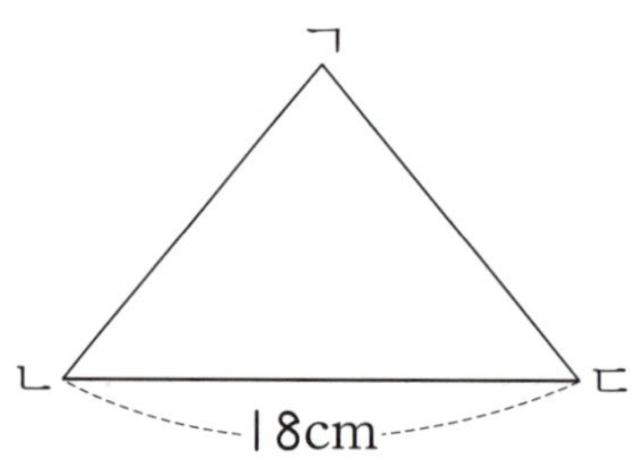

[답]

7 다음 삼각형은 이등변삼각형입니다. □ 안에 알맞은 수를 써넣으시오.

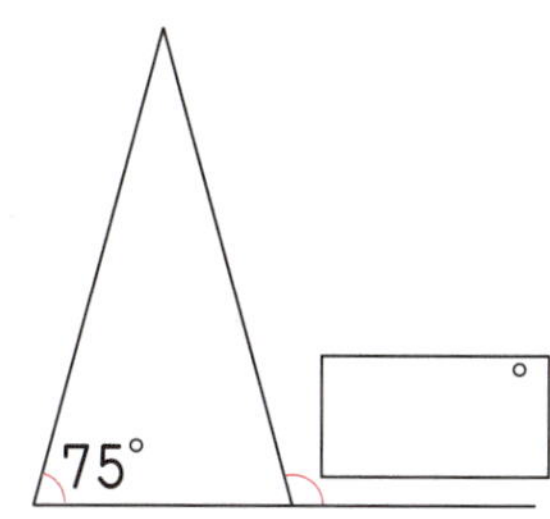

8 그림과 같이 컴퍼스를 이용하여 그린 삼각형의 이름은 무엇입니까?

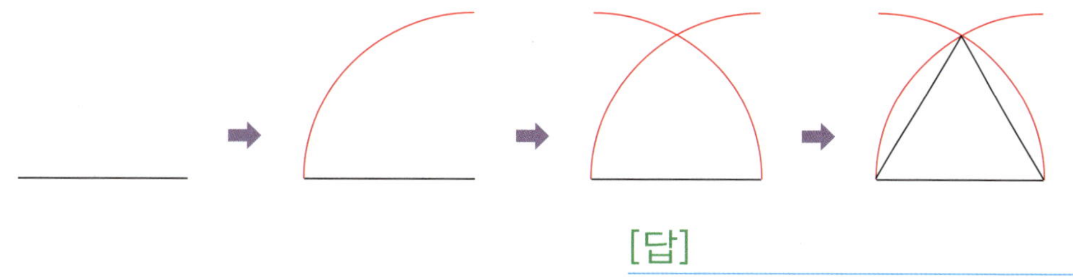

[답]

9 한 변이 12cm인 정삼각형이 있습니다. 이 정삼각형의 세 변의 길이의 합은 몇 cm입니까?

[답]

10 다음 이등변삼각형과 정삼각형의 세 변의 길이의 합이 같습니다. 정삼각형의 한 변의 길이는 몇 cm입니까?

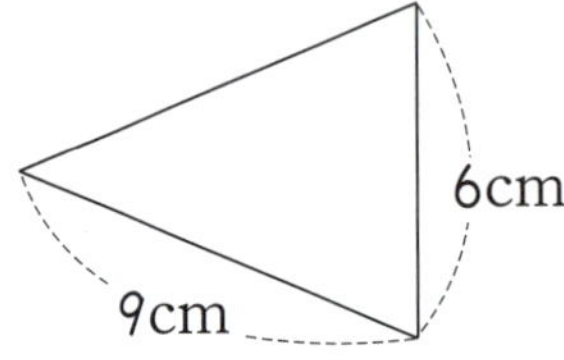

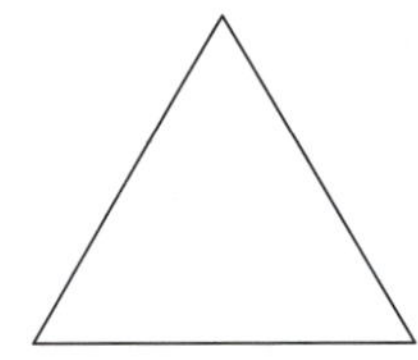

[답]

---

11 정삼각형 ㉮와 ㉯가 있습니다. ㉮의 한 변의 길이는 5cm이고 ㉯의 한 변의 길이는 8cm입니다. 두 정삼각형의 세 변의 길이의 합의 차는 몇 cm입니까?

[답]

---

12 다음 시계의 두 바늘이 이루는 작은 쪽의 각은 예각, 직각, 둔각 중 어느 것입니까?

[답]

확인 학습

확인 학습

13 도형 안에서 찾을 수 있는 예각은 모두 몇 개입니까?

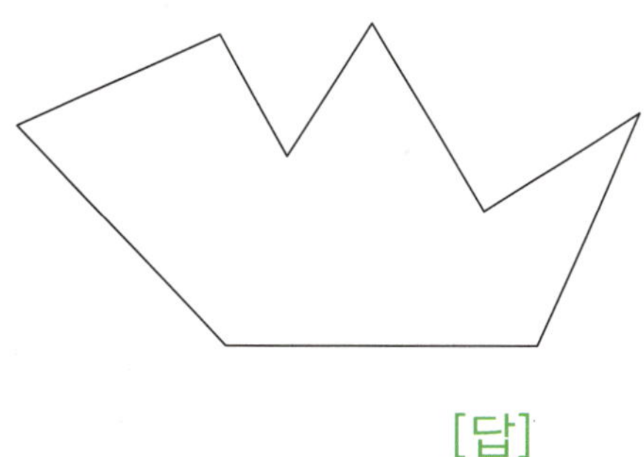

[답] ____________________

14 둔각이 <u>아닌</u> 것을 모두 고르시오. (　　　　　)

① 85°　　　　　② 95°　　　　　③ 125°
④ 150°　　　　　⑤ 180°

15 시계의 긴바늘과 짧은바늘이 이루는 작은 쪽의 각이 예각인 것을 찾아 기호를 쓰시오.

> ㉠ 2시 30분　　　㉡ 9시
> ㉢ 8시　　　　　㉣ 3시 30분

[답] ____________________

확인 학습

16 다음 도형에서 찾을 수 있는 크고 작은 예각은 모두 몇 개입니까?

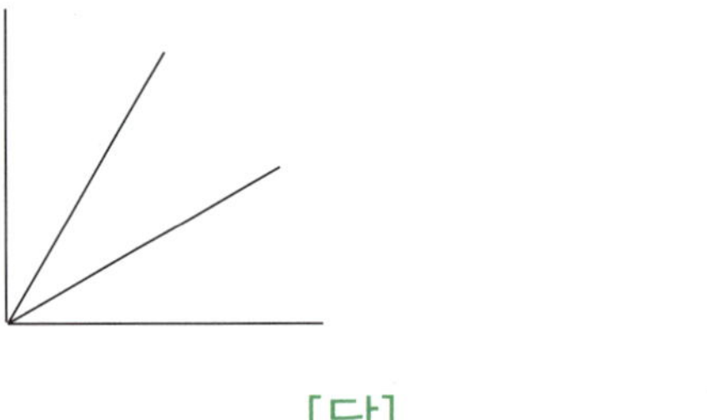

[답]

---

17 ㉠은 예각, 직각, 둔각 중 어느 것입니까?

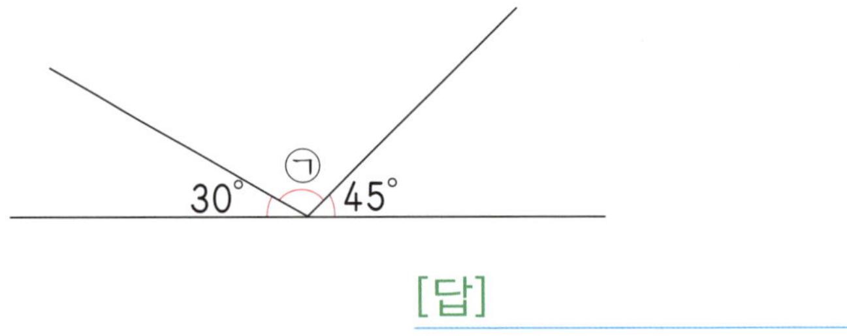

[답]

---

18 직사각형 모양의 색종이를 오려서 여러 개의 삼각형을 만들었습니다. 예각삼각형은 모두 몇 개입니까?

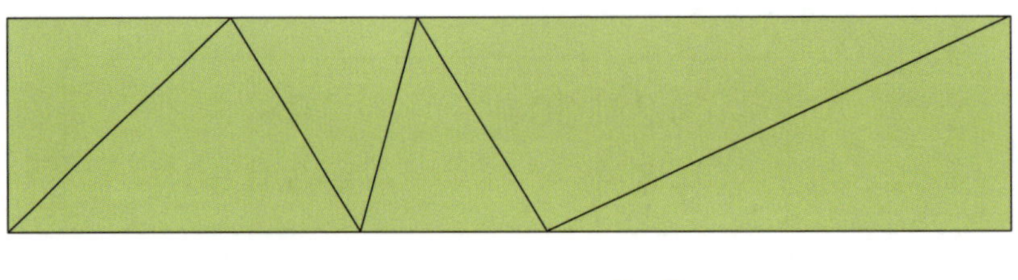

[답]

19 다음 삼각형의 이름이 될 수 있는 것을 모두 고르시오. (   )

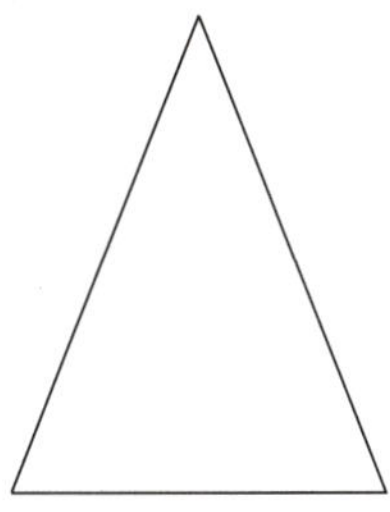

① 이등변삼각형   ② 정삼각형   ③ 예각삼각형
④ 직각삼각형   ⑤ 둔각삼각형

20 다음 중 옳지 않은 것을 찾아 기호를 쓰시오.

> ㉠ 정삼각형은 이등변삼각형입니다.
> ㉡ 정삼각형은 예각삼각형입니다.
> ㉢ 세 각이 둔각인 삼각형을 둔각삼각형이라고 합니다.

[답]

21 삼각형의 두 각이 다음과 같은 삼각형이 있습니다. 이 삼각형은 예각삼각형, 직각삼각형, 둔각삼각형 중 어느 것입니까?

| 75° | 25° |

[답]

22 둔각삼각형의 두 각이 될 수 있는 것을 찾아 기호를 쓰시오.

㉠ 45°, 45° ㉡ 60°, 75°
㉢ 35°, 40° ㉣ 25°, 80°

[답]

그림을 보고 물음에 답하시오. [23~24]

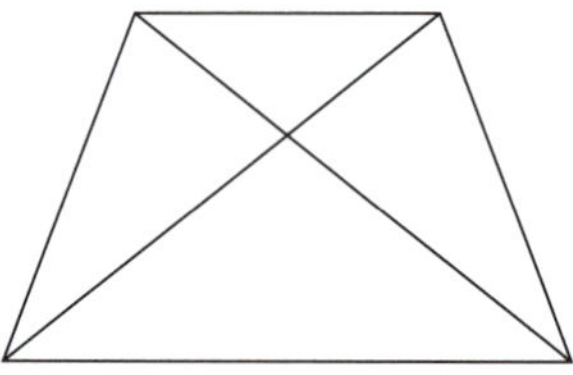

23 크고 작은 예각삼각형은 모두 몇 개입니까?

[답]

24 크고 작은 둔각삼각형은 모두 몇 개입니까?

[답]

확인 학습

H-110a

◆ **혼합 계산** ◆

1 □ 안에 알맞은 수를 써넣으시오.

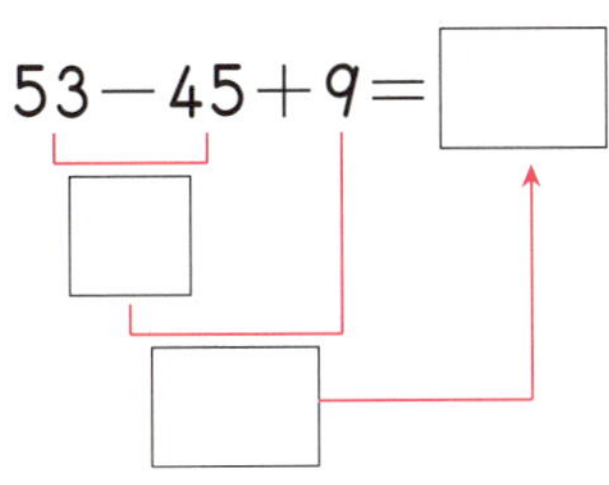

$$53 - 45 + 9 = \boxed{}$$

2 계산 결과를 비교하여 ○ 안에 >, =, <를 알맞게 써넣으시오.

$$37 + 6 - 15 \ \bigcirc \ 42 - 28 + 7$$

3 다음을 식으로 나타내시오.

> 가지고 있던 돈 3500원과 오늘 받은 용돈 2500원 중에서 4400원짜리 동화책을 샀습니다. 남은 돈은 얼마입니까?

[식]

확인 학습

4 계산 순서를 나타내고 계산을 하시오.

$$64 \div 4 \times 5$$

5 계산 결과가 가장 큰 것을 찾아 기호를 쓰시오.

ㄱ $24 \times 9 \div 6$　　ㄴ $35 \div 7 \times 8$　　ㄷ $16 \times 6 \div 4$

[답]

6 연필 6타를 8명의 학생들에게 똑같이 나누어 주려고 합니다. 한 사람에게 몇 자루씩 나누어 주면 되는지 하나의 식으로 만들어 구하시오.

[식]　　　　　　　　　　　[답]

7 다음을 계산하시오.

$$46 + 5 \times 7 - 29$$

[답]

8 등식이 성립하도록 □ 안에 $+$, $-$, $\times$, $\div$ 의 기호를 알맞게 써넣으시오.

$$54 \boxed{} 3 \boxed{} 15 = 33$$

9 민주는 6일 동안 매일 85회씩 줄넘기를 하였고, 소양이는 9일 동안 매일 70회씩 줄넘기를 하였습니다. 소양이가 민주보다 얼마나 더 많이 하였는지 하나의 식으로 만들어 구하시오.

[식]   [답]

10 계산 결과가 더 큰 것을 찾아 기호를 쓰시오.

> ㉠ $144 \div 4 \times 2$
> ㉡ $144 \div (4 \times 2)$

[답]

11 다음 중 ( )가 없어도 계산 결과가 같은 식은 어느 것입니까? (　　　)

① $(18 + 24) \div 6$　　② $46 - (14 \times 2)$　　③ $15 \times (6 + 9)$

④ $(42 - 17) \times 2$　　⑤ $48 \div (12 - 8)$

12 계산 순서를 나타내고 계산을 하시오.

> $(6 + 24) \div (8 - 3)$

13 계산 결과가 가장 큰 것을 찾아 기호를 쓰시오.

> ㉠ $74-(34-17)$
> ㉡ $(49+7)÷4$
> ㉢ $(18-9)×7$

[답]

14 두 식을 하나의 식으로 나타내시오.

> $14-9=5 \qquad 18×5=90$

[식]

15 식 $24÷(3+5)$를 이용하여 풀 수 있는 문제를 만들고 답을 구하시오.

[답]

16 한 사람이 한 시간 동안 로봇 인형 3개를 조립할 수 있습니다. 9명이 로봇 인형을 135개를 조립하려면 모두 몇 시간이 걸리는지 ( )가 있는 하나의 식으로 나타내고 답을 구하시오.

[식]   [답]

17 계산 순서에 맞게 차례로 기호를 쓰시오.

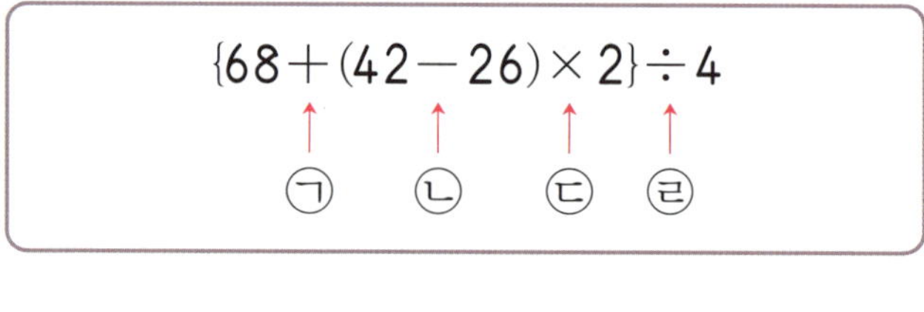

[답]

18 계산에서 잘못된 곳을 찾아 바르게 계산하시오.

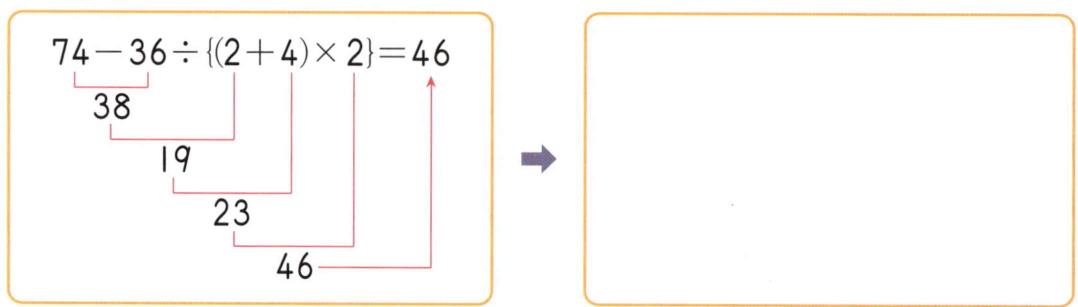

확인 학습

19 계산 순서를 나타내고 계산을 하시오.

$$19 + 52 \div 4 \times (12 - 9)$$

20 다음을 계산하시오.

$$120 - \{34 + (18 - 15) \times 4\} \div 2$$

[답]

21 □ 안에 알맞은 수를 써넣으시오.

$$\{30 - (\boxed{} + 11)\} \times 4 = 60$$

확인 학습

22 계산 결과를 비교하여 ○ 안에 >, =, <를 알맞게 써넣으시오.

$$72 \div 6 + 8 \times 4 - 21 \bigcirc 13 + 64 \div 8 \times 2 - 9$$

23 두 식을 하나의 식으로 나타내시오.

$$28 \div 4 + 8 = 15$$
$$12 \times 3 - 15 = 21$$

[식]

24 68에 25와 15의 차의 2배를 더한 값을 8로 나눈 몫을 식으로 나타내고 답을 구하시오.

[식]   [답]

✿ 이름 :
✿ 날짜 :
✿ 시간 :   시   분 ~   시   분

확인

◆ **분수** ◆

1 분모가 7인 분수는 어느 것입니까? (   )

① $\dfrac{7}{9}$　　　② $\dfrac{3}{4}$　　　③ $\dfrac{2}{7}$

④ $\dfrac{5}{17}$　　　⑤ $\dfrac{6}{13}$

2 분모가 4인 진분수를 모두 쓰시오.

[답] ________________________

3 색칠한 부분을 대분수와 가분수로 나타내시오.

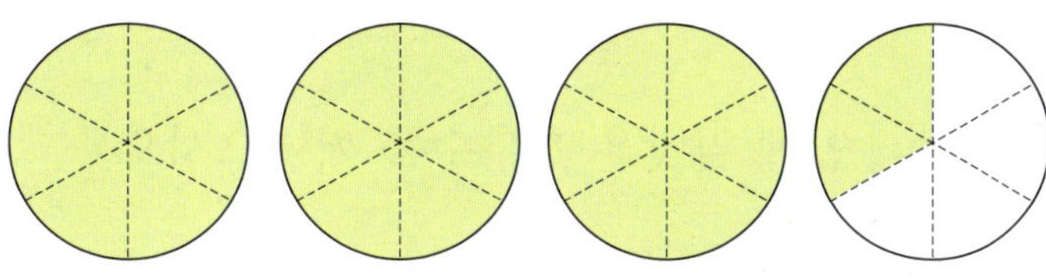

[대분수] ________________________

[가분수] ________________________

확인 학습

4 나는 어떤 수입니까?

> • 나는 진분수입니다.
> • 분모와 분자를 합하면 17입니다.
> • 분모와 분자의 차는 1입니다.

[답]

5 분모가 5보다 작은 진분수를 모두 쓰시오.

[답]

6 수직선을 보고 ☐ 안에 알맞은 가분수를 써넣으시오.

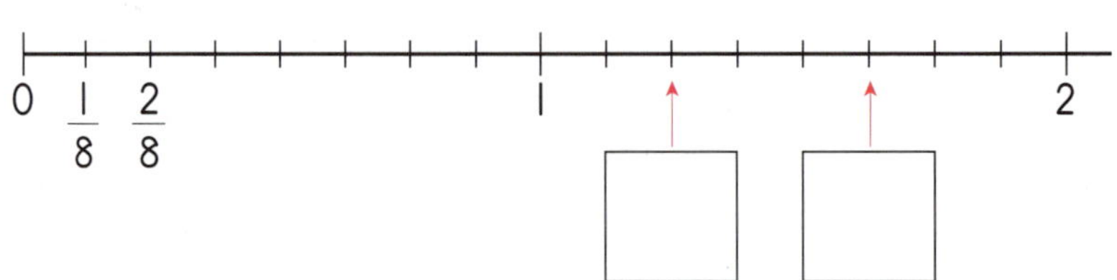

7 다음 숫자 카드 중에서 **2**장을 뽑아 만들 수 있는 가분수를 모두 쓰시오.

[답]

8 분자가 **4**인 가분수의 분모가 될 수 <u>없는</u> 수는 어느 것입니까? (   )

① 1　　　　② 2　　　　③ 3

④ 4　　　　⑤ 5

9 수직선에서 화살표가 가리키는 부분을 대분수로 나타내시오.

[답]

확인 학습

10 자연수가 6이고 분모가 8인 대분수는 모두 몇 개입니까?

[답]

11 보기 와 같은 방법으로 대분수를 가분수로 나타내시오.

보기

$$3\frac{4}{7} = \frac{3 \times 7 + 4}{7} = \frac{25}{7}$$

$$4\frac{2}{8} = $$

12 가분수를 대분수로 바르게 나타낸 것은 어느 것입니까? (　　　)

① $\frac{9}{4} = 2\frac{2}{4}$　　　② $\frac{12}{7} = 1\frac{2}{7}$　　　③ $\frac{33}{5} = 6\frac{4}{5}$

④ $\frac{7}{2} = 4\frac{1}{2}$　　　⑤ $\frac{25}{12} = 2\frac{1}{12}$

확인 학습

13 $5\frac{1}{4}$ 과 크기가 같은 분수에 ○표 하시오.

$\dfrac{22}{4}$　　　$\dfrac{20}{4}$　　　$\dfrac{21}{5}$　　　$\dfrac{21}{4}$

(　　　)　(　　　)　(　　　)　(　　　)

14 크기가 같은 분수끼리 선으로 이으시오.

$\dfrac{35}{8}$ ·　　　　· $3\frac{4}{8}$

$\dfrac{28}{8}$ ·　　　　· $3\frac{6}{8}$

$\dfrac{30}{8}$ ·　　　　· $4\frac{3}{8}$

15 $8\frac{7}{9}$ 을 가분수로 나타내면 분자는 얼마가 됩니까?

[답]

확인 학습

16 어떤 가분수의 분자를 분모 6으로 나누었더니 몫이 3이고 나머지가 5였습니다. 이 가분수를 구하고 대분수로 나타내시오.

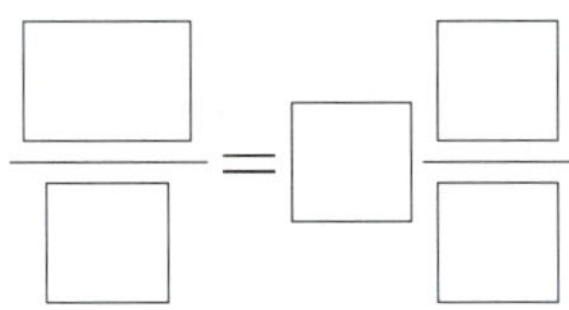

$$\frac{\square}{\square}=\square\frac{\square}{\square}$$

17 대분수를 가분수로 나타내었을 때 분자가 가장 작은 것을 찾아 기호를 쓰시오.

$$\bigcirc\ 3\frac{6}{7} \qquad \bigcirc\ 5\frac{3}{5} \qquad \bigcirc\ 7\frac{2}{3} \qquad \textcircled{ㄹ}\ 4\frac{5}{6}$$

[답]

18 $4\frac{3}{4}$L의 간장을 $\frac{1}{4}$L씩 종지에 나누어 담으려고 합니다. 종지는 모두 몇 개가 필요합니까?

[답]

확인 학습

19 분수만큼 색칠하고 분수의 크기를 비교하여 ○ 안에 >, <를 알맞게 써넣
으시오.

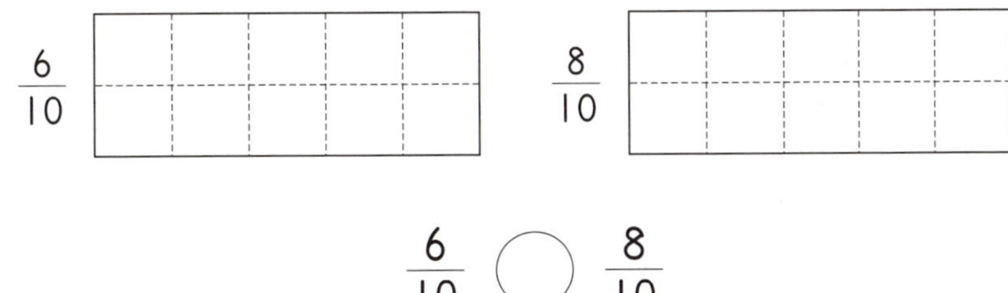

$$\frac{6}{10} \bigcirc \frac{8}{10}$$

20 분수의 크기를 비교하여 ○ 안에 >, =, <를 알맞게 써넣으시오.

$$5\frac{3}{9} \bigcirc 4\frac{5}{9}$$

21 크기가 가장 큰 분수는 어느 것입니까? (　　　　　)

① $\dfrac{9}{4}$　　　　② $\dfrac{3}{4}$　　　　③ $\dfrac{7}{4}$

④ $\dfrac{10}{4}$　　　　⑤ $\dfrac{8}{4}$

22 □ 안에 들어갈 수 있는 수 중에서 가장 큰 수를 구하시오.

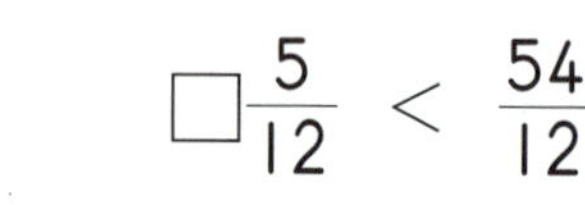
$$\square \frac{5}{12} < \frac{54}{12}$$

[답] _______________

23 분모가 8인 분수 중에서 $5\frac{5}{8}$ 보다 크고 6보다 작은 대분수를 모두 쓰시오.

[답] _______________

24 다음 숫자 카드 중에서 2장을 사용하여 만들 수 있는 가장 큰 가분수를 구하고, 그 가분수를 대분수로 나타내시오.

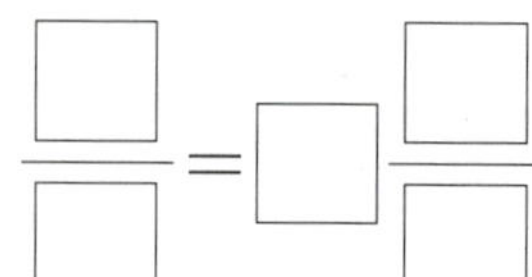

 창의력 학습

미류와 석우가 삼각형을 이용하여 그림 그리기를 하고 있습니다. 미류와 석우의 설명을 듣고 빈 곳에 알맞은 그림을 그려 보세요.

다람쥐들이 다음과 같이 대분수가 적힌 색종이를 들고 있습니다. 다람쥐들이 들고 있는 색종이에 쓰인 대분수와 같은 가분수가 표시된 도토리를 먹기로 할 때 도토리를 먹을 수 없는 다람쥐는 어느 색종이를 들고 있는 다람쥐입니까?

[답]

창의력 학습

 경시대회 예상문제

1 다음 도형은 이등변삼각형입니다. 이 도형의 세 변의 길이의 합은 몇 cm입니까?

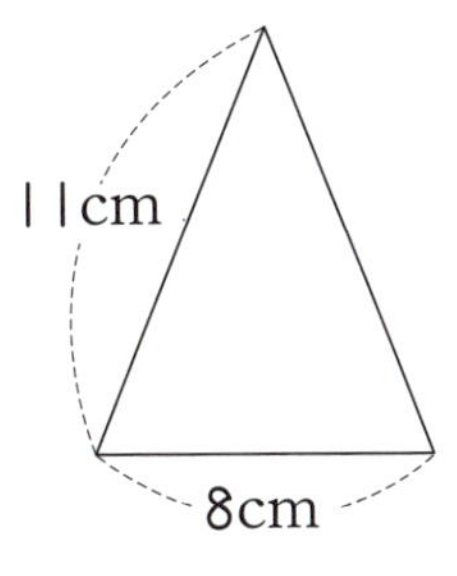

[답]

2 세 변의 길이의 합이 20cm인 이등변삼각형 가를 5개 붙여 도형 나를 만들었습니다. 도형 나의 네 변의 길이의 합을 구하시오.

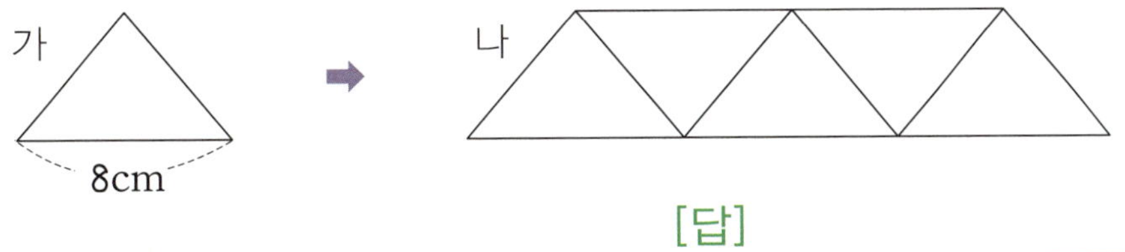

[답]

3 같은 크기의 정삼각형 4개를 붙여서 만든 도형입니다. 이 도형의 둘레의 길이가 54cm일 때 작은 정삼각형 한 개의 세 변의 길이의 합은 몇 cm입니까?

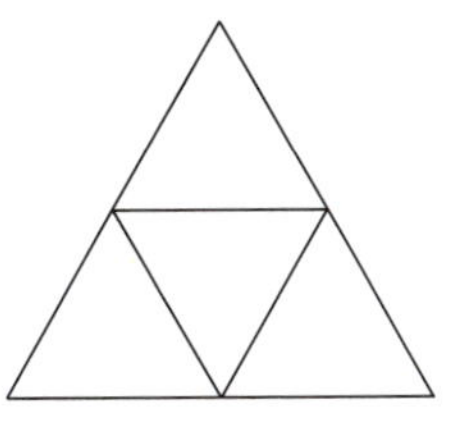

[답]

4 형석이네 가족은 오전 10시 10분에 집을 출발하여 2시간 45분 후에 할아버지 댁에 도착하였습니다. 형석이네 가족이 할아버지 댁에 도착한 시각을 시계에 나타냈을 때 시계의 두 바늘이 이루는 작은 쪽의 각은 예각, 직각, 둔각 중 어떤 각입니까?

[답]

5 ㉮☆㉯＝㉮×㉯－㉮일 때 □ 안에 알맞은 수를 구하시오.

$$9 ☆ □ = 81$$

[답]

6 똑같은 야구공 6개가 들어 있는 상자의 무게를 재어 보니 1200g이었습니다. 여기에 똑같은 야구공 3개를 더 얹어 무게를 재어 보니 1650g이었습니다. 빈 상자의 무게는 몇 g인지 풀이 과정을 쓰고 답을 구하시오.

[답]

 경시대회 예상문제

7 다음 5장의 숫자 카드와 $+$, $-$, $\times$, $\div$, $(\quad)$를 각각 한 번씩 모두 사용하여 계산 결과가 가장 크게 되는 식을 만들어 보시오.

1   3   4   7   8

[식]

8 □ 안에 알맞은 수를 써넣으시오.

$$\frac{45}{\Box} = 7\frac{3}{\Box}$$

9 기광이는 우유를 매일 $\frac{1}{4}$L씩 3주일 동안 마셨습니다. 기광이가 마신 전체 우유의 양을 대분수로 나타내시오.

[답]

10 4와 5 사이에 있는 분수 중에서 분모가 15인 가장 큰 가분수는 얼마인지 풀이 과정을 쓰고 답을 구하시오.

[답]

11 분자와 분모의 합이 27이고 분모가 분자의 2배인 진분수를 구하시오.

[답]

12 다음 숫자 카드가 각각 2장씩 있을 때 만들 수 있는 분모가 5인 가분수 중에서 $\frac{14}{5}$ 보다 작은 경우는 몇 가지입니까?

| 1 | 2 | 4 | 5 | 7 | 9 |

[답]

1 이등변삼각형과 정삼각형을 모두 찾아 쓰시오.

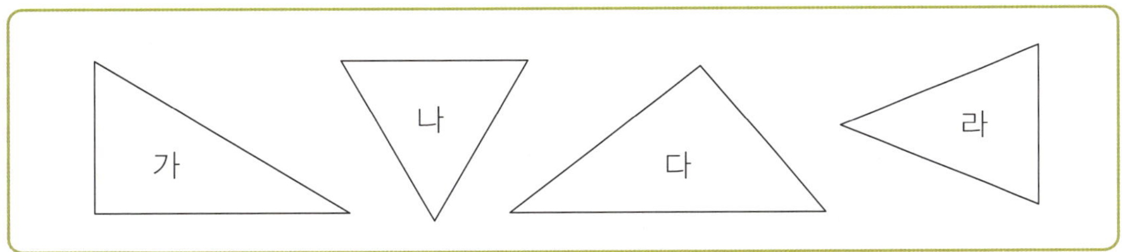

[이등변삼각형]

[정삼각형]

삼각형 ㄱㄴㄷ은 이등변삼각형이고 삼각형 ㄹㅁㅂ은 정삼각형입니다. ☐ 안에 알맞은 수를 써넣으시오. [2~3]

2

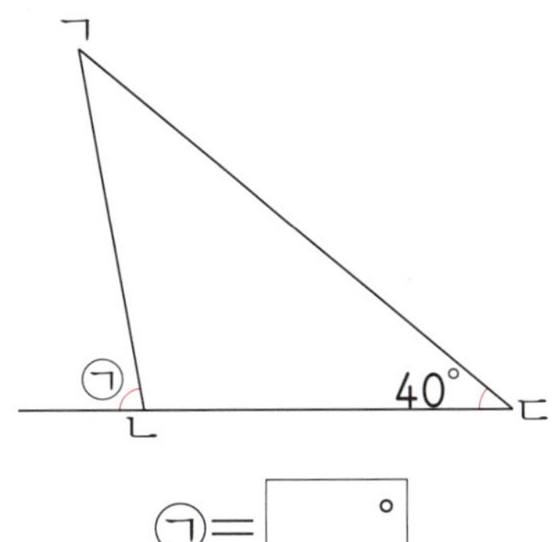

ㄱ = ☐ °

3

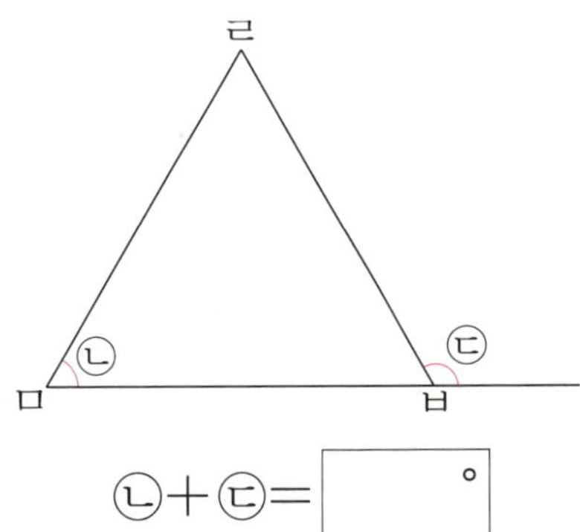

ㄴ + ㄷ = ☐ °

4 다음과 같이 이등변삼각형을 만들기 위해 색종이를 반으로 접어 잘랐습니다. 만들어진 이등변삼각형의 세 변의 길이의 합은 몇 cm입니까?

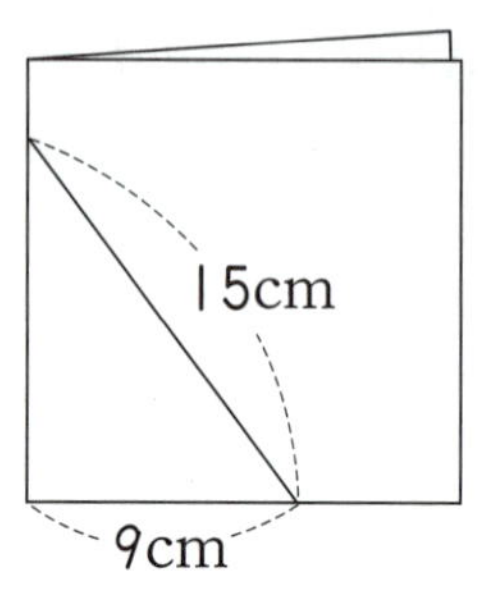

[답]

5 다음 그림에서 찾을 수 있는 크고 작은 둔각은 모두 몇 개입니까?

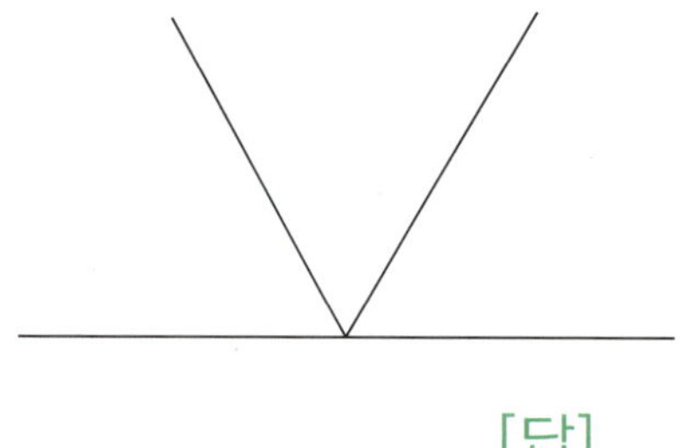

[답]

6 시계의 긴바늘과 짧은바늘이 이루는 작은 쪽의 각이 예각인 것을 모두 찾아 기호를 쓰시오.

㉠ 1시 15분	㉡ 5시 47분	㉢ 3시 5분
㉣ 4시 30분	㉤ 2시 50분	㉥ 9시

[답]

7 예각삼각형과 둔각삼각형을 각각 찾아 기호를 쓰시오.

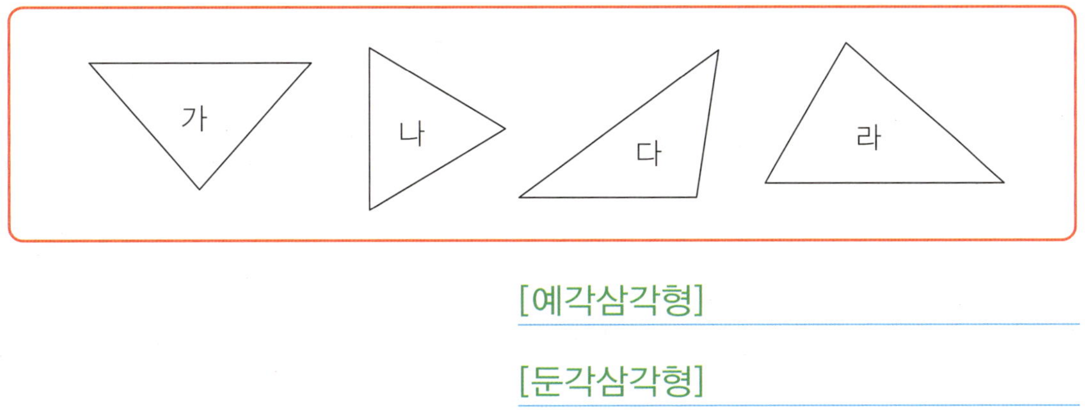

[예각삼각형]

[둔각삼각형]

8 그림에서 찾을 수 있는 크고 작은 둔각삼각형은 모두 몇 개입니까?

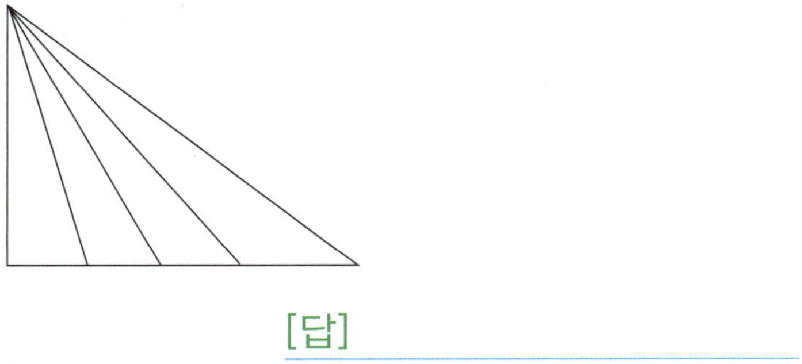

[답]

9 다음을 계산할 때 넷째 번으로 계산해야 하는 곳의 기호를 쓰시오.

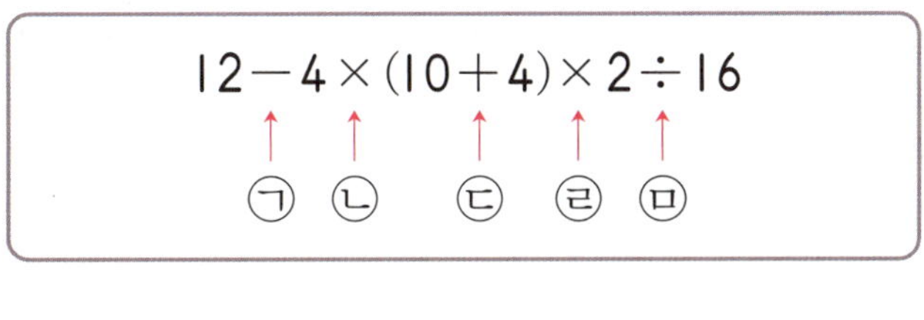

[답]

10 다음 두 식을 하나의 식으로 나타내시오.

$$(46-6)\div 8 = 5$$
$$(16+5)\times 3 - 13\times 4 = 11$$

[식] ______________________________

11 계산 결과가 가장 큰 것은 어느 것입니까? (　　　　　)

① $5\times 6\div 10\times 9$　　　　　　② $80-31+49\div 7$

③ $40-77\div(4+7)$　　　　　④ $60\div\{(15-9)\times 6-24\}$

⑤ $\{21-(7+4)\}\div(11-6)+50$

12 어떤 수를 9로 나눈 다음 15를 더해야 할 것을 잘못하여 어떤 수에 9를 곱한 다음 15를 더했더니 258이 되었습니다. 바르게 계산하면 얼마입니까?

[답] ______________________________

13 가게에서 왕소라 과자는 5개에 4150원이고 왕고구마 과자는 3개에 2850원입니다. 왕고구마 과자 1개는 왕소라 과자 1개보다 얼마나 더 비싼지 하나의 식으로 만들어 구하시오.

[식]   [답]

14 가☆나$=$(가$+$나)$\times$(가$-$나)라고 할 때, 다음을 구하시오.

$$16 ☆ 9$$

[답]

15 나는 어떤 수입니까?

- 자연수가 5인 대분수입니다.
- 분모와 분자를 합하면 11입니다.
- 분모와 분자의 차는 5입니다.

[답]

16 어떤 가분수의 분자를 분모 13으로 나누었더니 몫이 4이고 나머지가 3이었습니다. 이 가분수를 대분수로 나타내어 보시오.

[답]

17 다음 숫자 카드 중에서 2장을 사용하여 만들 수 있는 가장 큰 가분수를 구하고 가분수를 대분수로 나타내어 보시오.

[답]

18 다음 숫자 카드를 한 번씩 사용하여 만들 수 있는 가장 큰 대분수를 구하고 대분수를 가분수로 나타내어 보시오.

[답]

19 단비, 성희, 은호가 테이프를 가지고 있습니다. 단비는 $\dfrac{13}{10}$ m, 성희는 $\dfrac{\square}{10}$ m, 은호는 $1\dfrac{7}{10}$ m를 가지고 있습니다. 단비의 테이프가 가장 짧고 은호의 테이프가 가장 길다면, 성희가 가지고 있는 테이프의 길이는 몇 m가 될 수 있는지 분모가 10인 가분수로 모두 쓰시오.

[답]

20 분모가 5인 분수 중에서 2보다 크고 3보다 작은 가분수를 모두 쓰시오.

[답]

사고력도 탄탄! 창의력도 탄탄!

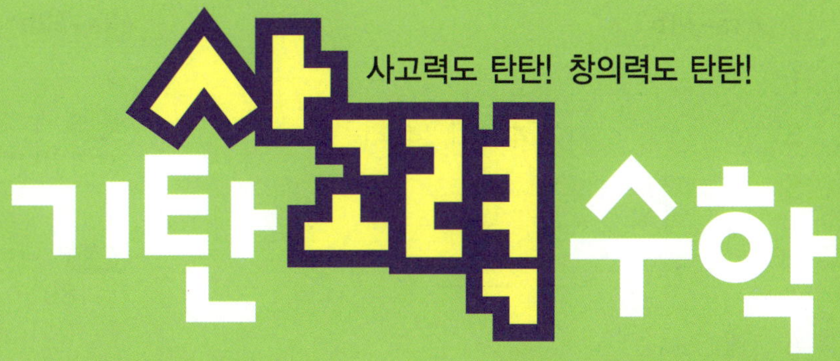
사
기탄 고력 수학

해답

H61a~H120b

해답은 따로 보관하고 있다가
채점할 때 사용해 주세요.

61a~61b

1 가, 다　　　　**2** ○

3 ○　　　　**4** 가, 나, 라

5 예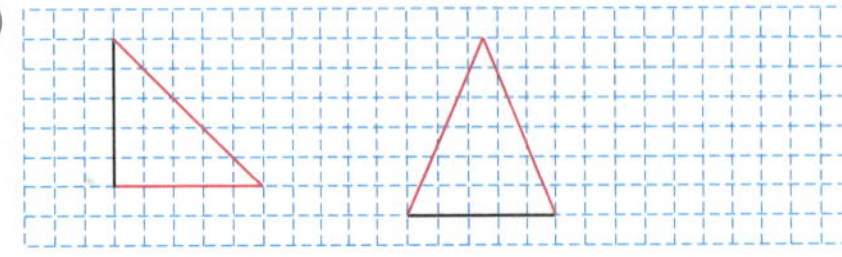

6 예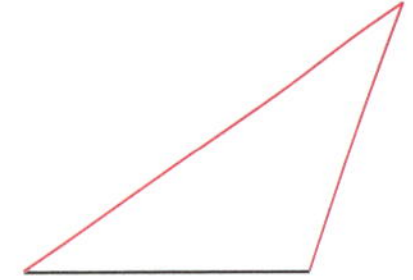

62a~62b

1 8cm

（풀이） (변 ㄱㄴ)＝(변 ㄱㄷ)이므로 변 ㄱㄷ의 길이는 8cm입니다.

2 70

3 30

（풀이） 삼각형의 세 각의 크기의 합은 180°이므로 다른 두 각의 크기의 합은 180°−120°＝60°입니다.
이등변삼각형은 두 각의 크기가 같으므로 (한 각의 크기)＝60°÷2＝30°

4 나, 바

（풀이） 삼각형의 세 각의 크기를 알아보면
가 : 40°, 30°, 110°
나 : 50°, 80°, 50°
다 : 75°, 50°, 55°
라 : 55°, 40°, 85°
마 : 30°, 60°, 90°
바 : 90°, 45°, 45°
두 각의 크기가 같은 삼각형을 찾으면 나, 바입니다.

5 65°

（풀이） 180°−50°＝130°이고 50°인 각을 뺀 다른 두 각의 크기가 같으므로
㉠＝130°÷2＝65°

63a~63b

1 9

（풀이） 두 각의 크기가 같으므로 이등변삼각형입니다.

2 7

（풀이） (나머지 한 각의 크기)
＝180°−30°−75°＝75°
두 각의 크기가 같으므로 이등변삼각형입니다.

3 36cm

（풀이） (나머지 한 변의 길이)＝13cm
(세 변의 길이의 합)
＝13＋13＋10＝36(cm)

4 14cm

（풀이） 50−22＝28(cm)
(변 ㄱㄴ)＝(변 ㄱㄷ)＝28÷2＝14(cm)

5 130

（풀이）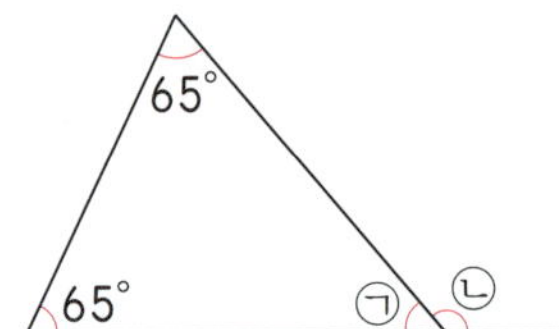

그림에서
㉠＝180°−65°−65°＝50°
㉡＝180°−50°＝130°

6 14cm, 14cm

（풀이） 길이가 같은 두 변의 길이의 합은 45−17＝28(cm)이므로 한 변의 길이는 28÷2＝14(cm)입니다.

64a~64b

1 (　　)(○)(　　)

2 나, 마

3 10

4 12

5 6, 6

6 8, 8

7

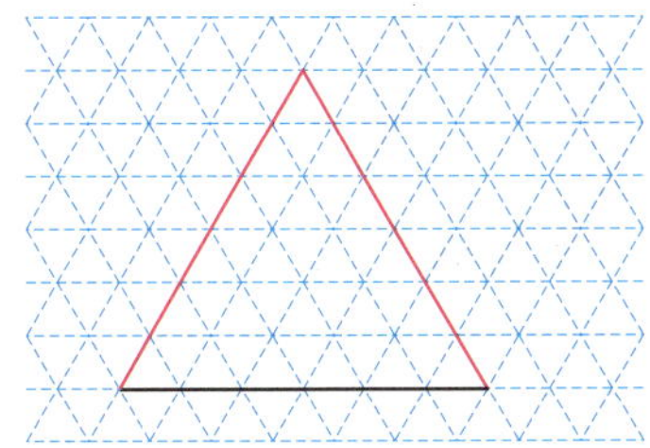

1 정삼각형

2 60, 60

풀이 정삼각형은 세 각의 크기가 모두 같습니다.
삼각형의 세 각의 크기의 합은 $180°$이므로 정삼각형의 한 각의 크기는
$180° \div 3 = 60°$ 입니다.

3 60, 60

4 5cm, 5cm

5 42cm

풀이 정삼각형은 세 변의 길이가 모두 같으므로 주어진 정삼각형의 세 변의 길이의
합은 $14 + 14 + 14 = 42$(cm)입니다.

6 27cm

풀이 $9 + 9 + 9 = 27$(cm)

7 13cm

풀이 두 각의 크기가 $60°$이므로 나머지
한 각의 크기도 $60°$입니다. 따라서 세 각
의 크기가 모두 같으므로 주어진 삼각형은
정삼각형입니다.
(한 변의 길이)$= 39 \div 3 = 13$(cm)

1 ㉡, ㉠, ㉢

2

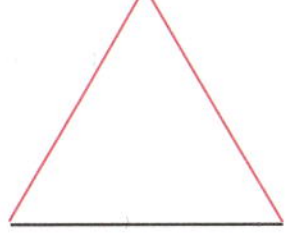

풀이

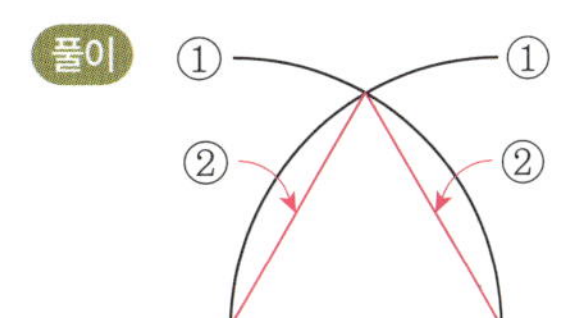

3

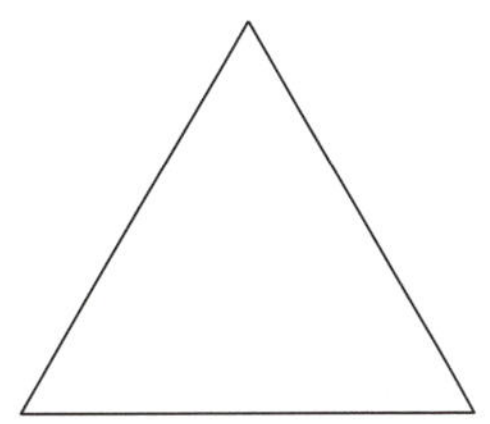

4 120

풀이 정삼각형은 모든 각이 각각 $60°$이므로 (각 ㄱㄴㄷ)$= 60°$
$\square = 180° - 60° = 120°$

5 예 정삼각형은 세 변의 길이가 같기 때문에 두 변의 길이가 같은 이등변삼각형이라
고 말할 수 있습니다.

6 9cm

풀이 (한 변의 길이)$= 27 \div 3 = 9$(cm)

1 가, 라

풀이 직각보다 작은 각을 찾습니다.

2 다

풀이 직각보다 크고 $180°$보다 작은 각을
찾습니다.

3 예

4 예

5 예

6 예

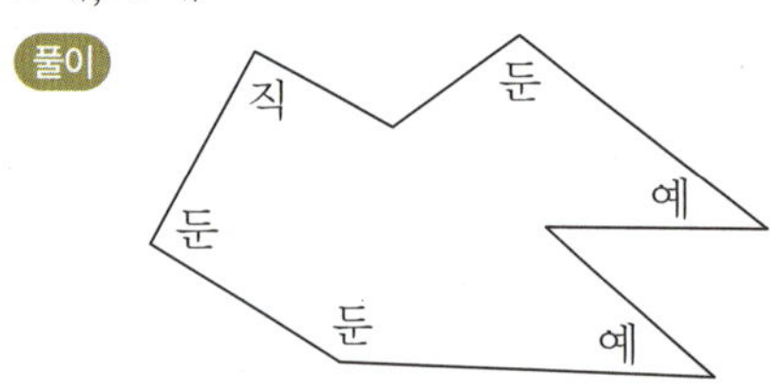

7 예   **8** 둔

9 둔   **10** 예

---

1 2개, 3개

풀이

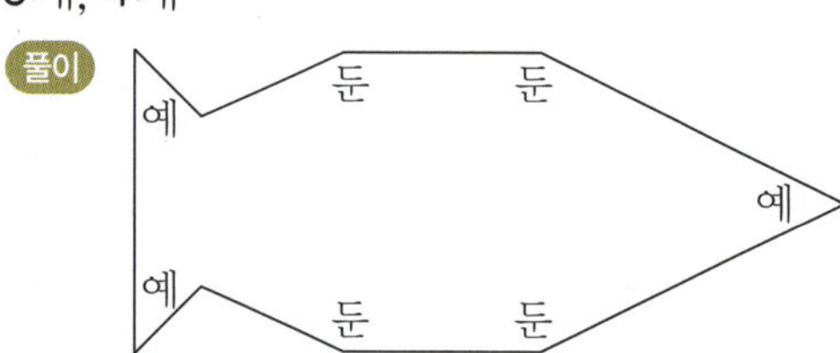

2 3개, 4개

풀이

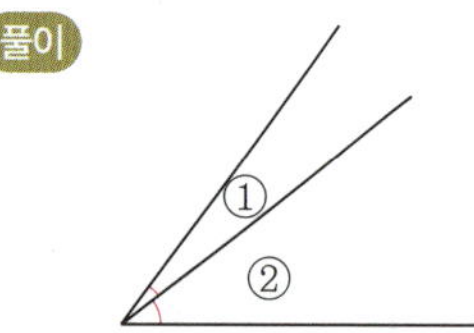

3 예각

4 둔각

5 둔각

6 예각

7 3개

풀이

그림에서 예각을 찾아보면 ①, ②, ①+②
의 3개입니다.

8 둔각

9 예각

---

10 직각

풀이

시계의 두 바늘이 이루는 작은 쪽의 각이
직각입니다.

11 예각

풀이

시계의 두 바늘이 이루는 작은 쪽의 각이
직각보다 작으므로 예각입니다.

---

1 예각

2 가, 라

3 예

4 예

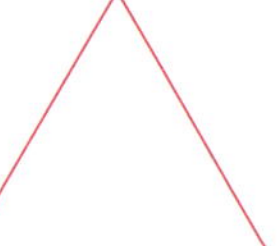

5 예

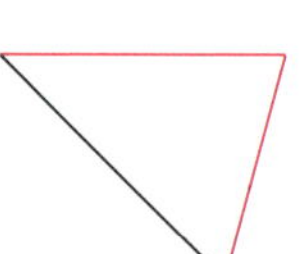

6 예

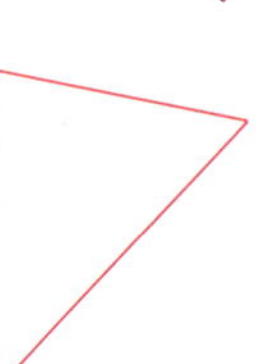

7 예

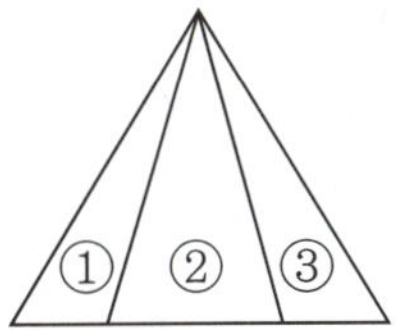

70a~70b

1 ③

> **풀이** ① 또는 ⑤와 연결하면 둔각삼각형, ② 또는 ④와 연결하면 직각삼각형이 됩니다.

2 예 정삼각형은 세 각이 모두 60°입니다. 따라서 세 각이 모두 예각이므로 예각삼각형이라고 할 수 있습니다.

3 나, 바, 사

4 45, 90

> **풀이** 예각삼각형은 세 각이 모두 예각입니다.

5 예각삼각형

> **풀이** (나머지 한 각의 크기)
> $=180°-55°-48°=77°$
> 세 각이 모두 예각이므로 예각삼각형입니다.

6 4개

> **풀이**

그림에서 예각삼각형은 ②, ①+②, ②+③, ①+②+③의 4개입니다.

71a~71b

1 나, 라

2 다, 마

3 가, 바

---

4 예

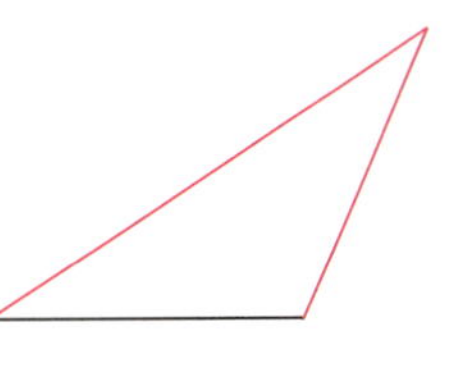

5 예

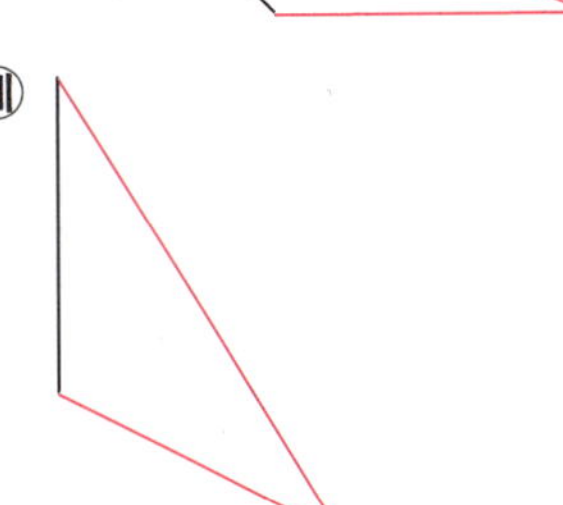

6 예

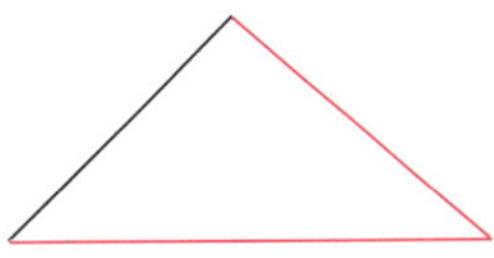

7 예

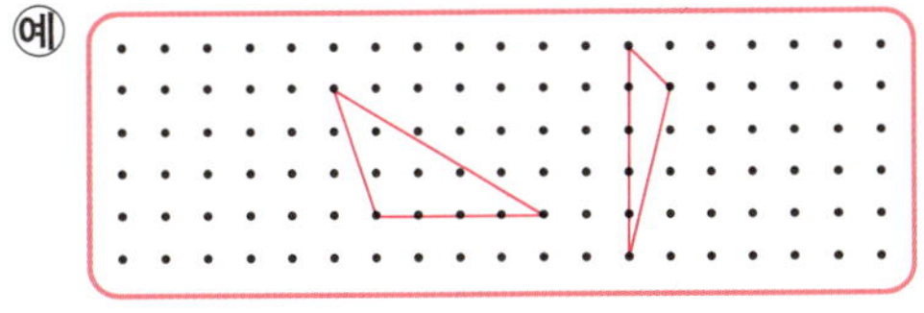

8 예

72a~72b

1 ㄴ, ㄹ

> **풀이** 두 변의 길이가 같으므로 이등변삼각형이고, 한 각이 둔각이므로 둔각삼각형입니다.

2 예 둔각삼각형은 한 각이 90°보다 크고 180°보다 작은 둔각이어야 하는데 한 각이 90°이면 다른 두 각은 각각 90°보다 작게 되므로 둔각삼각형이 될 수 없습니다.

3 2개

> **풀이** 둔각삼각형은 나, 다의 2개입니다.

4 둔각삼각형

풀이 (나머지 한 각의 크기)
$=180°-35°-40°=105°$
따라서 한 각이 둔각인 둔각삼각형입니다.

5 ㉢

풀이 세 각의 크기를 각각 구해 보면
㉠ 40°, 40°, 100° (둔각삼각형)
㉡ 35°, 95°, 50° (둔각삼각형)
㉢ 80°, 25°, 75° (예각삼각형)
㉣ 45°, 100°, 35° (둔각삼각형)

6 4개

풀이

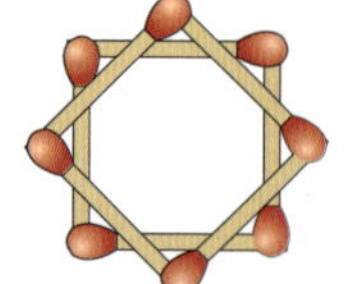

그림에서 둔각삼각형은 ②, ③, ⑥, ③+④
+⑤+⑥의 4개입니다.

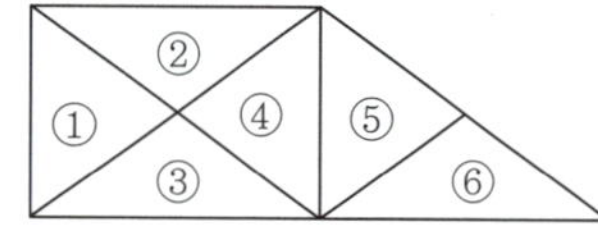

73a~73b 창의력 학습

a

b ⑩

74a~75b 경시대회 예상문제

1 115°

풀이 (각 ㄱㄴㄷ)=(각 ㄱㄷㄴ)
$=(180°-50°)÷2=65°$
(각 ㄱㄴㄹ)$=180°-65°=115°$

---

2 8, 4 / 6, 6

풀이 • 8cm인 변이 이등변인 경우
: 8cm, 8cm, 4cm
• 8cm인 변이 이등변이 아닌 경우
: 8cm, 6cm, 6cm

3 13개

풀이

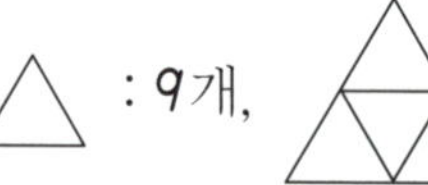

➡ $9+3+1=13$(개)

4 이등변삼각형의 나머지 한 변의 길이는
11cm이므로 세 변의 길이의 합은
$11+11+8=30$(cm)입니다. 따라서
(정삼각형의 한 변의 길이)
$=30÷3=10$(cm)입니다.
[답] 10cm

평가 기준	
상	이등변삼각형의 세 변의 길이의 합을 구하고 답을 구한 경우
중	이등변삼각형의 세 변의 길이의 합은 구했으나 답을 구하지 못한 경우
하	풀이와 답을 모두 구하지 못한 경우

5 (도형의 한 변의 길이)$=54÷6=9$(cm)
(정삼각형의 세 변의 길이의 합)
$=9×3=27$(cm)
[답] 27cm

평가 기준	
상	도형의 한 변의 길이를 구하고 답을 구한 경우
중	도형의 한 변의 길이는 구했으나 답을 구하지 못한 경우
하	풀이와 답을 모두 구하지 못한 경우

6 70°

풀이 (각 ㄱㄷㄴ)$=60°-35°=25°$
(각 ㄴㄱㄷ)=(각 ㄴㄷㄱ)$=25°$
(각 ㄱㄴㄷ)$=180°-25°-25°=130°$
(각 ㄱㄴㄹ)$=130°-60°=70°$

7 11개

풀이

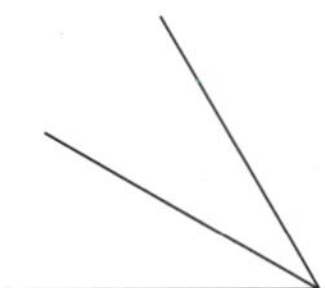

1개짜리 : 6개

2개짜리 : 5개

➡ 6+5=11(개)

8 둔각

풀이 7시 30분의 2시간 후 : 9시 30분

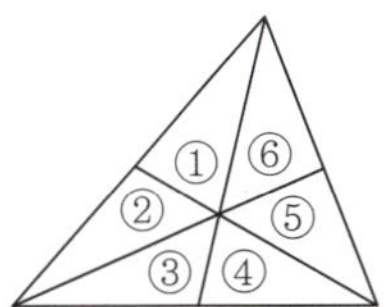

따라서 시계의 두 바늘이 이루는 작은 쪽의 각은 둔각입니다.

9 135°

풀이 둔각은 각 ㄱㄹㄷ입니다.
삼각형 ㄱㄴㄹ은 이등변삼각형이므로
(각 ㄱㄹㄴ)=(각 ㄹㄱㄴ)=45°입니다.
(각 ㄱㄹㄷ)=180°-45°=135°

10 7개

풀이

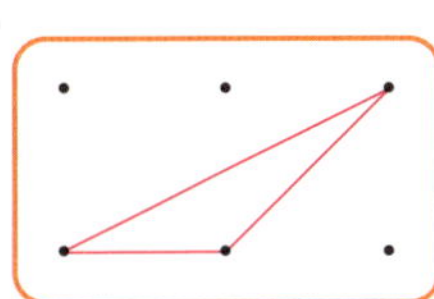

예각삼각형은 ①, ④, ⑤, ①+⑥+⑤,
③+④+⑤, ④+⑤+⑥,
①+②+③+④+⑤+⑥의 7개입니다.

11 4개

풀이

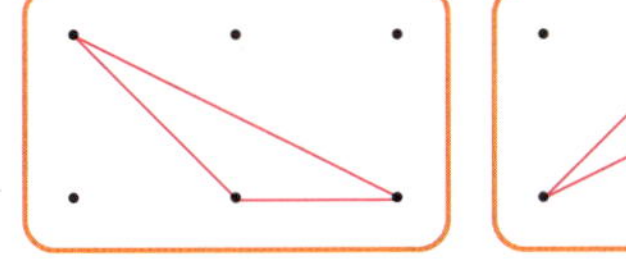

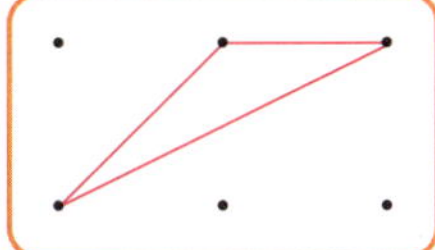

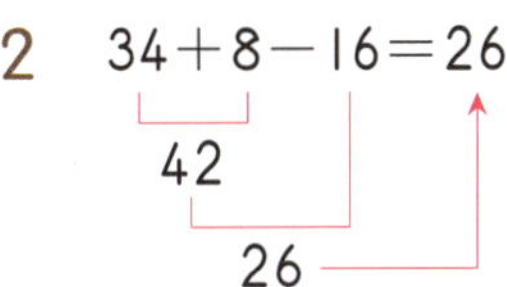

1 (계산 순서대로) 9, 15, 15

2 34+8-16=26
　　42
　　　26

3 16-9+26=33
　　7
　　　33

4 42-15+7=34
　　27
　　　34

5 28+13-5=36
　　41
　　　36

6 42

7 15

8 15

9 20

10 27

11 <

풀이 29+4-16=17
36-19+3=20
➡ 17<20

12 16+15-18=13, 13명

풀이 (안경을 쓰지 않은 학생 수)
=(남학생 수)+(여학생 수)
　-(안경을 쓴 학생 수)
=16+15-18=13(명)

77a~77b

1 (계산 순서대로) 7, 63, 63

2 $14 \times 9 \div 7 = 18$
126
18

3 $81 \div 9 \times 8 = 72$
9
72

4 $25 \times 4 \div 5 = 20$
100
20

5 $72 \div 6 \times 4 = 48$
12
48

6 9

7 42

8 19

9 40

10 ㉡
풀이 ㉠ $24 \times 9 \div 6 = 216 \div 6 = 36$
㉡ $35 \div 7 \times 8 = 5 \times 8 = 40$
㉢ $16 \times 6 \div 4 = 96 \div 4 = 24$

11 153
풀이 $34 \times 6 \div 4 \times 3$
$= 204 \div 4 \times 3$
$= 51 \times 3 = 153$

12 $12 \times 6 \div 8 = 9$, 9개
풀이 (한 사람에게 주는 귤 수)
=(한 봉지에 담긴 귤 수)×(봉지 수)
÷(사람 수)
$= 12 \times 6 \div 8 = 9$(개)

78a~78b

1 (계산 순서대로) 28, 70, 36, 36

2 $14 \times 5 + 18 = 88$
70
88

3 $62 - 6 \times 8 + 11 = 25$
48
14
25

4 $33 + 4 \times 12 - 53 = 28$
48
81
28

5 $30 - 17 + 15 \times 3 = 58$
13
45
58

6 112
풀이 $28 + 7 \times 12 = 28 + 84 = 112$

7 36
풀이 $72 - 9 \times 4 = 72 - 36 = 36$

8 42
풀이 $35 + 6 \times 9 - 47$
$= 35 + 54 - 47 = 42$

9 40
풀이 $59 - 15 \times 3 + 26$
$= 59 - 45 + 26 = 40$

10 14
풀이 $18 + 16 - 5 \times 4$
$= 18 + 16 - 20 = 14$

11 36
풀이 $23 \times 4 - 7 \times 8 = 92 - 56 = 36$

12 ㉠
풀이 ㉠ $64 + 4 \times 8 - 44$
$= 64 + 32 - 44 = 52$
㉡ $32 - 2 \times 7 + 15 = 32 - 14 + 15$
$= 18 + 15 = 33$
➡ ㉠ $52 >$ ㉡ 33

13 ㉡, ㉠, ㉢

풀이 ㉠ $53-27+6\times3$
$=53-27+18=44$
㉡ $36+9\times5-5$
$=36+45-5=76$
㉢ $44-5\times6+16$
$=44-30+16=30$
➡ ㉡ $76>$ ㉠ $44>$ ㉢ 30

79a~79b

1 ②, 80

풀이 $8\times3+14\times4$
$=24+14\times4=24+56=80$

2 $\times$, $-$

풀이 $25\times3-14=75-14=61$

3 12

풀이 $67-\square\times4=19$
$\square\times4=67-19=48$
$\square=48\div4=12$

4 $8\times50-7\times55=15$, 15회

5 $2000-300\times4-500=300$, 300원

6 ㉲ 재미는 가지고 있던 돈 5000원 중에서 친구들에게 나누어 주려고 600원짜리 볼펜을 5자루 샀습니다. 재미에게 남은 돈은 얼마입니까? / 2000원

풀이 $5000-600\times5$
$=5000-3000=2000$

80a~80b

1 (계산 순서대로) 7, 72, 29, 29

2 $53-64\div4=37$
16
37

3 $85\div5+12=29$
17
29

4 $54\div9+48\div6=14$
6 8
14

5 $92-25+72\div8=76$
67 9
76

6 60

풀이 $48+36\div3=48+12=60$

7 8

풀이 $72\div6-4=12-4=8$

8 19

풀이 $18+45\div5-8$
$=18+9-8=19$

9 27

풀이 $54-35+24\div3$
$=54-35+8=27$

10 17

풀이 $27-42\div3+16\div4$
$=27-14+4=17$

11 24

풀이 $56\div4+18-64\div8$
$=14+18-8=24$

12 $>$

풀이 $96-65\div5=96-13=83$
$32+64\div8+15=32+8+15=55$
➡ $83>55$

13 ㉡

풀이 ㉠ $35+36\div6-16$
$=35+6-16=25$
㉡ $84\div7+25=12+25=37$
㉢ $44\div4+72\div6$
$=11+12=23$
➡ ㉡ $37>$ ㉠ $25>$ ㉢ 23

81a~81b

1 ②, 28

> 풀이 $84 \div 7 + 64 \div 4 = 12 + 16 = 28$

2 $\div$

> 풀이 $34 + 18 \square 3 - 7 = 33$
> $18 \square 3 = 33 + 7 - 34 = 6$
> 따라서 $\square$ 안에는 $\div$ 가 들어가야 합니다.

3 54

> 풀이 $\square \div 3 + 42 \div 7 = 24$
> $\square \div 3 + 6 = 24$
> $\square \div 3 = 18$
> $\square = 18 \times 3 = 54$

4 $2820 \div 6 - 2250 \div 5 = 20$, 20원

> 풀이 $2820 \div 6 - 2250 \div 5$
> $= 470 - 450 = 20$

5 $18 + 34 \div 2 - 22 = 13$, 13개

> 풀이 $18 + 34 \div 2 - 22$
> $= 18 + 17 - 22 = 13$

6 ⑩ 진주는 4000원을 가지고 있었는데 5개에 800원 하는 자두를 한 개만 샀습니다. 진주에게 남은 돈은 얼마입니까?
/ 3840원

> 풀이 $4000 - 800 \div 5$
> $= 4000 - 160 = 3840$

82a~82b

1 (계산 순서대로) 60, 40, 40

2 $54 - (19 + 5) = 30$
24
30

3 $(6 + 5) \times 3 = 33$
11
33

---

4 $56 \div 4 - (17 - 13) = 10$
14   4
10

5 $(12 + 3) \div (7 - 2) = 3$
15   5
3

6 16

> 풀이 $19 - (8 - 5) = 19 - 3 = 16$

7 8

> 풀이 $23 - (7 + 8) = 23 - 15 = 8$

8 2

> 풀이 $12 \div (9 - 3) = 12 \div 6 = 2$

9 84

> 풀이 $(6 + 6) \times 7 = 12 \times 7 = 84$

10 5

> 풀이 $(14 + 21) \div (21 \div 3) = 35 \div 7 = 5$

11 56

> 풀이 $(15 - 7) \times (23 - 16) = 8 \times 7 = 56$

12 $<$

> 풀이 $(14 + 3) \times 5 = 85$
> $25 \times (18 - 14) = 100$
> ➡ $85 < 100$

13 ㉠

> 풀이 ㉠ $50 - (12 - 5) = 50 - 7 = 43$
> ㉡ $(45 + 9) \div 6 = 54 \div 6 = 9$
> ㉢ $(9 - 6) \times 12 = 3 \times 12 = 36$
> ➡ ㉠ $43 >$ ㉢ $36 >$ ㉡ 9

83a~83b

1 $48 \div (15 - 9) = 8$

2 $54 + (35 - 19) \div 4 \times 5$

3 $96 \div (6+2) = 12$

4 ㉢

풀이 ㉠ $72 \div (3 \times 2) = 72 \div 6 = 12$
$72 \div 3 \times 2 = 24 \times 2 = 48$
㉡ $26 - (13+4) = 26 - 17 = 9$
$26 - 13 + 4 = 13 + 4 = 17$
㉢ $16 + (5 \times 6) = 16 + 30 = 46$
$16 + 5 \times 6 = 16 + 30 = 46$
㉣ $8 \times (21-16) = 8 \times 5 = 40$
$8 \times 21 - 16 = 168 - 16 = 152$

5 $1500 - (450+600) = 450$, 450원

6 $150 \div (5 \times 6) = 5$, 5시간

7 예 성민이는 가지고 있던 23개의 딱지 중에서 친구에게 12개, 동생에게 5개를 주었습니다. 성민이에게 남은 딱지는 몇 개입니까? / 6개

84a~84b

1 (계산 순서대로) 11, 7, 63, 63

2 $63 \div \{(8-5) \times 7\} = 3$

3 $\{50 - (4 \times 8 + 3)\} \div 3 = 5$

4 $14 \times \{9 - (1+2)\} \div 4 = 21$

5 $29 + 3 \times \{(32-24) \div 2\} = 41$

6 9

풀이 $54 \div \{11 - (2+3)\}$
$= 54 \div \{11 - 5\}$
$= 54 \div 6 = 9$

7 31

풀이 $22 + \{(13-8) \times 3 - 6\}$
$= 22 + \{5 \times 3 - 6\}$
$= 22 + \{15 - 6\}$
$= 22 + 9 = 31$

8 20

풀이 $60 - \{4 \times (9-2) + 12\}$
$= 60 - \{4 \times 7 + 12\}$
$= 60 - \{28 + 12\}$
$= 60 - 40 = 20$

9 2

풀이 $64 \div \{23 + (11-8) \times 3\}$
$= 64 \div \{23 + 3 \times 3\}$
$= 64 \div \{23 + 9\}$
$= 64 \div 32 = 2$

10 49

풀이 $14 \times \{13 - (2+4)\} \div 2$
$= 14 \times \{13 - 6\} \div 2$
$= 14 \times 7 \div 2$
$= 98 \div 2 = 49$

11 14

풀이 $28 \div \{(10-8) \times 2\} + 7$
$= 28 \div \{2 \times 2\} + 7$
$= 28 \div 4 + 7$
$= 7 + 7 = 14$

12 ㉠

풀이 계산 순서 : ㉡ → ㉢ → ㉠ → ㉣ → ㉤

13 ㉡

풀이 ㉠ $\{(15-6) \div 3 + 7\} \div 5$
$= \{9 \div 3 + 7\} \div 5$

$$=\{3+7\}\div 5$$
$$=10\div 5=2$$
ⓛ $9\times\{18-(8+4)\}\div 3$
$$=9\times\{18-12\}\div 3$$
$$=9\times 6\div 3$$
$$=54\div 3=18$$
➡ ㉠ $2<$ ㉡ 18

85a~85b

1 $21+56\div\{(7+9)\div 2\}=28$

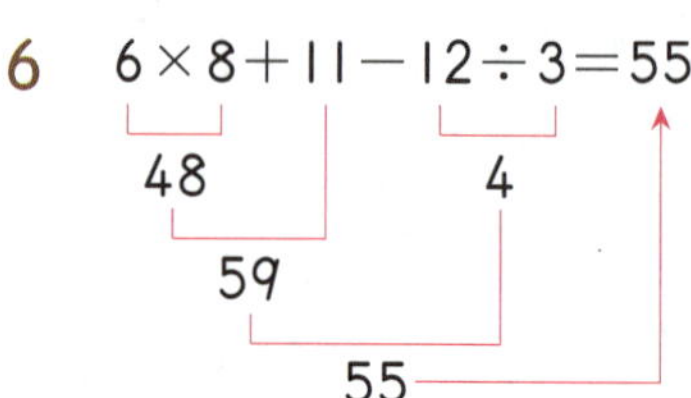

2 5

풀이 $\{18-(\square+7)\}\times 6=36$
$18-(\square+7)=6$
$\square+7=12$
$\square=5$

3 $-$

풀이 $5\times\{(20\square 12)\div 4+6\}=40$에서
$(20\square 12)\div 4+6=8$
$(20\square 12)\div 4=2$
$20\square 12=8$
따라서 $\square$ 안에는 $-$ 가 들어가야 합니다.

4 $\{6+(53-8)\div 5\}\times 7=105$

5 $\{(3+2)\times 5+7\}\div 8=4$, 4개

6 $1500-\{(7+2)\times 100+120\}=480$,
480번

풀이 (지난 주 내내)+(이번 주 이틀)
$=7+2$(일)

86a~86b

1 (계산 순서대로) 12, 6, 8, 16, 16

2 (계산 순서대로) 18, 6, 30, 4, 4

3 (계산 순서대로) 5, 20, 16, 4, 4

4 (계산 순서대로) 7, 6, 3, 27, 27

5 ㉢

풀이 계산 순서 : ㉡→㉢→㉣→㉤→㉠

6 $6\times 8+11-12\div 3=55$

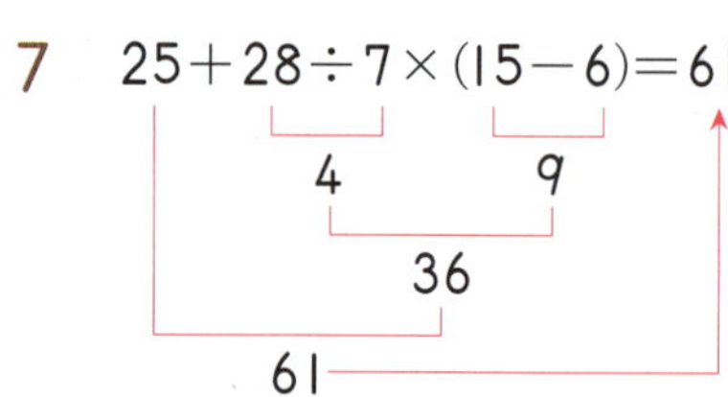

7 $25+28\div 7\times(15-6)=61$

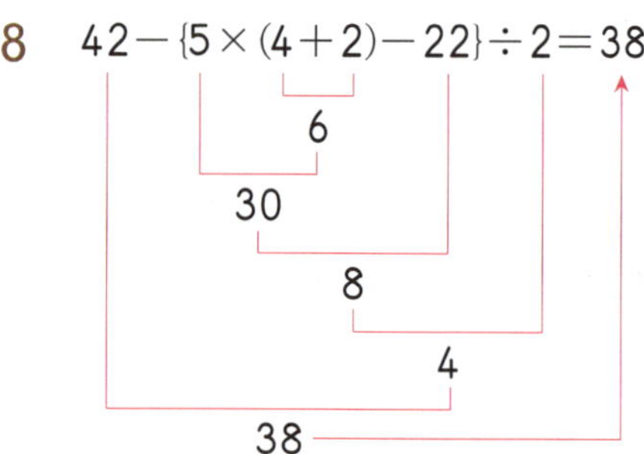

8 $42-\{5\times(4+2)-22\}\div 2=38$

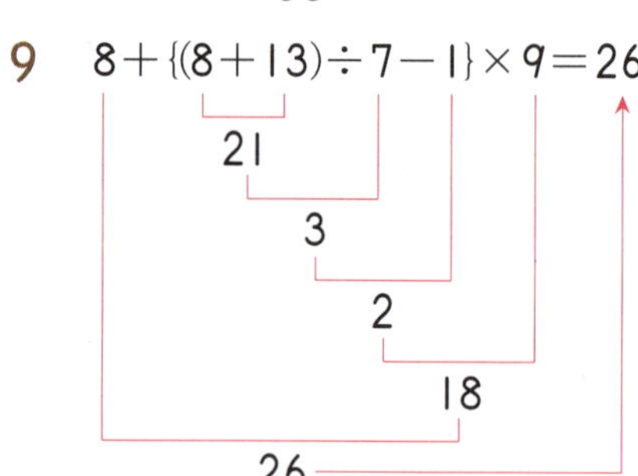

9 $8+\{(8+13)\div 7-1\}\times 9=26$

10 $72\div\{(9-6)\times 6+6\}=3$

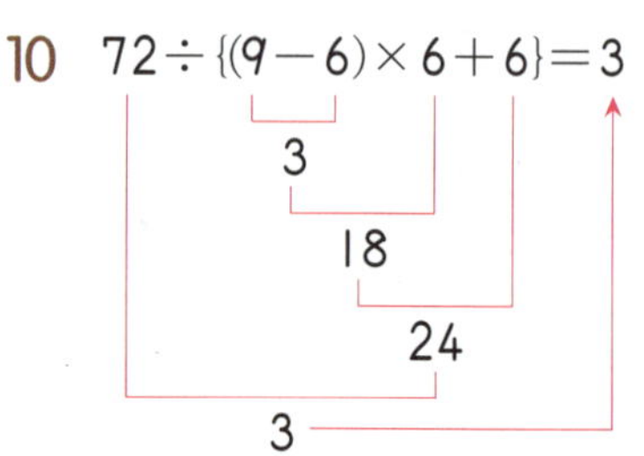

87a~87b

1 36

풀이 ㉠ $58-28\div7\times5+6$
$=58-4\times5+6$
$=58-20+6$
$=38+6=44$
㉡ $96\div\{(6-4)\times5+2\}$
$=96\div\{2\times5+2\}$
$=96\div\{10+2\}$
$=96\div12=8$
➡ ㉠$-$㉡$=44-8=36$

2 <

풀이 $48\div4+7\times3-6$
$=12+21-6=27$
$17+(42\div6\times4-15)$
$=17+(7\times4-15)$
$=17+(28-15)$
$=17+13=30$
➡ $27<30$

3 ㉠

풀이 ㉠ $80-45\div9\times3+2$
$=80-5\times3+2$
$=80-15+2=67$
㉡ $84\div\{(9-6)\times3+3\}$
$=84\div\{3\times3+3\}$
$=84\div\{9+3\}$
$=84\div12=7$
㉢ $64-9\times3+36\div6$
$=64-27+6=43$
➡ ㉠ $67>$ ㉢ $43>$ ㉡ 7

4 21

풀이 $84\div\{20-(\square+5)\div2\}=12$
$20-(\square+5)\div2=7$
$(\square+5)\div2=13$
$\square+5=26$
$\square=21$

5 $60\div\{20-(2+3)\}+3\times8-6$, 송이

③ ② ① ⑤ ④ ⑥

풀이 $60\div\{20-(2+3)\}+3\times8-6$
$=60\div\{20-5\}+3\times8-6$

$=60\div15+3\times8-6$
$=4+24-6=22$

6 $150\div\{(20-14)\times7+8\}=3$, 3

88a~88b　창의력 학습

a 은비, 용호, 은비

풀이　• 목표 수가 5일 때
은비 : $5-3+2\div1=5-3+2=4$
용호 : $2+5\times(3-1)=2+5\times2$
$=2+10=12$
은비의 계산이 5에 더 가깝습니다.
• 목표 수가 10일 때
은비 : $(4+6)\div5\times3=10\div5\times3=6$
용호 : $5+3\times4-6=5+12-6=11$
용호의 계산이 10에 더 가깝습니다.
• 목표 수가 20일 때
은비 : $4\div2+6\times3=2+18=20$
용호 : $2\times(6+4)-3=2\times10-3=17$
은비가 정확하게 목표 수를 맞혔습니다.

b (1) 예 $-$, $+$, $-$
(2) 예 $\times$, $\div$, $-$
(3) 예 $+$, $-$, $-$, $+$

89a~90b　경시대회 예상문제

1 ㉠과 ㉣, ㉡과 ㉢

풀이 ㉠ $48\div3\times4=16\times4=64$
㉡ $48\div3\div4=16\div4=4$
㉢ $48\div(3\times4)=48\div12=4$
㉣ $48\times4\div3=192\div3=64$
㉤ $48\div4\times3=12\times3=36$

2 $66-7\times9+5$
$=66-63+5$
$=3+5$
$=8$

3 $\times, -, +$

풀이 $9 \times (18-6)+4$
$=9 \times 12+4$
$=108+4=112$

4 $56 \div 4 \times (2+6)$

풀이 • $(56 \div 4) \times 2+6$
$=14 \times 2+6$
$=28+6=34$
• $56 \div (4 \times 2)+6$
$=56 \div 8+6$
$=7+6=13$
• $56 \div 4 \times (2+6)$
$=56 \div 4 \times 8$
$=14 \times 8=112$

5 29

풀이 $6 ※ 3=6+3 \times 3-5$
$=6+9-5=10$
$10 ※ 8=10+8 \times 3-5$
$=10+24-5=29$

6 $90-\{5 \times (72 \div 6)+8\}=22$

7 $1, 2, 3, 4, 5$

풀이 $28 \div 4 \times 8=7 \times 8=56$
$44 \div 4 \times \square=11 \times \square$
$56>11 \times \square$에서 $\square$ 안에 들어갈 알맞은
수는 $1, 2, 3, 4, 5$입니다.

8 $58-\{60 \div (9-3) \times 4+6\}=12$

9 $(7+5) \times 8-2 \div 2=95$
또는 $8 \times (7+5)-2 \div 2=95$, 95

풀이 더하거나 곱하면 수가 커지고, 빼거
나 나누면 수가 작아집니다. 따라서 더하
거나 곱하는 수는 최대한 크게, 빼거나 나
누는 수는 최대한 작게 식을 만듭니다.

10 5

풀이 $\square ◎ 4=(\square+4) \times 4-4=32$
$(\square+4) \times 4=36$
$\square+4=9$
$\square=5$

11 어떤 수를 $\square$라 하면
$(\square+8) \div 18=4$, $\square+8=72$, $\square=64$
이므로 바르게 계산하면
$(64-8) \times 18=56 \times 18=1008$입니다.

[답] 1008

평가 기준

상	혼합 계산식을 써서 어떤 수를 구하고 바르게 계산하여 답을 구한 경우
중	혼합 계산식을 써서 어떤 수는 구했으나 바르게 계산한 답을 구하지 못한 경우
하	풀이와 답을 모두 구하지 못한 경우

12 (빵 값)$=550 \times 8$(원),
(음료수 5개의 값)
$=8000-550 \times 8+400$(원)
(음료수 한 개의 값)
$=(8000-550 \times 8+400) \div 5$
$=(8000-4400+400) \div 5$
$=4000 \div 5=800$(원)
[답] 800원

평가 기준

상	빵 값과 음료수 값을 나타내는 혼합 계산식을 구하고 답을 구한 경우
중	빵 값 또는 음료수 값을 나타내는 혼합 계산식은 구했으나 답을 구하지 못한 경우
하	풀이와 답을 모두 구하지 못한 경우

91a~91b

1 분모, 분자 / 2, 3 / 진분수

2 $\dfrac{2}{3}$

3 예 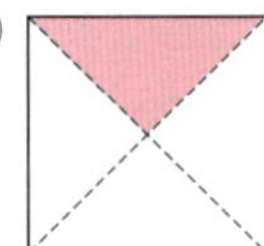

4 예 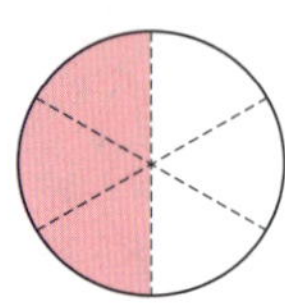

5 예 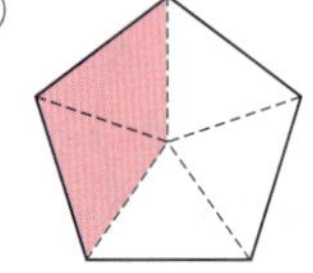

6 예 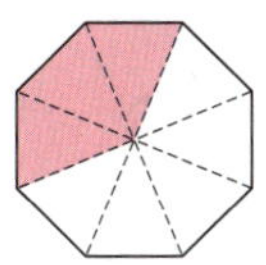

7 예 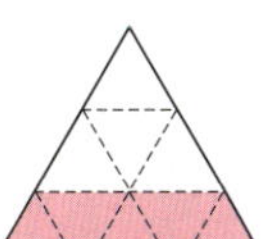

8 예 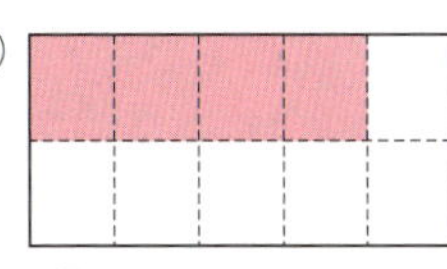

9 $\dfrac{2}{5}$, $\dfrac{5}{8}$

풀이 분자가 분모보다 작은 분수를 찾습니다.

92a~92b

1 ③

풀이 분자의 크기를 비교하면
③ 5 > ⑤ 4 > ④ 3 > ① 2 > ② 1

2 $\dfrac{6}{8}$, $\dfrac{11}{8}$

3 $\dfrac{1}{4}$, $\dfrac{2}{4}$, $\dfrac{3}{4}$ 에 ○표

4 $\dfrac{1}{5}$, $\dfrac{2}{5}$, $\dfrac{3}{5}$, $\dfrac{4}{5}$

5 $\dfrac{1}{6}$, $\dfrac{2}{6}$, $\dfrac{3}{6}$, $\dfrac{4}{6}$, $\dfrac{5}{6}$

6 $\dfrac{1}{9}$, $\dfrac{2}{9}$, $\dfrac{3}{9}$, $\dfrac{4}{9}$, $\dfrac{5}{9}$, $\dfrac{6}{9}$, $\dfrac{7}{9}$, $\dfrac{8}{9}$

7 $\dfrac{6}{7}$

풀이 합이 13이고 차가 1인 두 수는 6, 7
이고, 진분수는 분자가 분모보다 작은 분
수이므로 $\dfrac{6}{7}$ 입니다.

93a~93b

1 가분수, 가분수, 대분수

2 가

3 대

4 가

5 $\dfrac{5}{3}$, $1\dfrac{2}{3}$

6 $\dfrac{14}{6}$, $2\dfrac{2}{6}$

7 $\dfrac{15}{4}$, $3\dfrac{3}{4}$

8 $1\dfrac{3}{5}$, $2\dfrac{1}{5}$

94a~94b

1 $\dfrac{7}{4}$, $\dfrac{12}{8}$, $\dfrac{9}{7}$

2 $2\dfrac{2}{5}$, $1\dfrac{3}{8}$, $5\dfrac{2}{3}$

3 $\dfrac{4}{1}$, $\dfrac{4}{2}$, $\dfrac{4}{3}$, $\dfrac{4}{4}$

4 $\dfrac{7}{7}$

풀이 분모가 7인 가분수는 $\dfrac{7}{7}$, $\dfrac{8}{7}$, $\dfrac{9}{7}$, ……

이므로 분모가 7인 가장 작은 가분수는 $\dfrac{7}{7}$

입니다.

5 $\dfrac{5}{4}$, $\dfrac{7}{4}$, $\dfrac{9}{4}$, $\dfrac{7}{5}$, $\dfrac{9}{5}$, $\dfrac{9}{7}$

6 $2\dfrac{2}{3}$ 장

풀이 지용이가 사용한 색종이

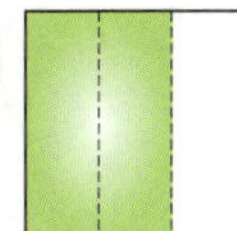

7 3개

> **풀이** 조건을 분수로 나타내면 $1\dfrac{6}{\square}$ 이고,
> $\square$ 안에 들어갈 수 있는 수는 7, 8, 9이므로
> 조건을 만족하는 분수는 모두 3개입니다.

95a~95b

1 (1) $2\dfrac{1}{4}$ (2) $2\dfrac{1}{4}$, 9 (3) $\dfrac{9}{4}$

2 3, 2, $\dfrac{5}{3}$

3 (1) $\dfrac{13}{8}$ (2) 1 (3) $\dfrac{5}{8}$ (4) $1\dfrac{5}{8}$

4 2, 2, 2, 2

96a~96b

1 5, 1, $\dfrac{21}{5}$

2 10, 7, $\dfrac{57}{10}$

3 $\dfrac{11}{7}$

4 $\dfrac{5}{2}$

5 $\dfrac{56}{9}$

6 $\dfrac{29}{6}$

7 $\dfrac{37}{11}$

8 $\dfrac{88}{15}$

9 5, 2, 1, $2\dfrac{1}{5}$

10 4, 3, 3, $3\dfrac{3}{4}$

11 13, 2, 7, $2\dfrac{7}{13}$

12 $1\dfrac{3}{7}$

13 $6\dfrac{1}{2}$

---

14 $3\dfrac{3}{5}$

15 $4\dfrac{4}{8}$

16 $4\dfrac{9}{11}$

17 $3\dfrac{7}{15}$

97a~97b

1 $\dfrac{16}{6}$

2 $3\dfrac{1}{3}$, $\dfrac{10}{3}$

3 $2\dfrac{3}{4}$, $\dfrac{11}{4}$

4 ⑤

> **풀이** ⑤ $1\dfrac{7}{12}=\dfrac{1\times12+7}{12}=\dfrac{19}{12}$

5 21, $2\dfrac{5}{8}$

6 ④

> **풀이** ① $\dfrac{6}{4}=1\dfrac{2}{4}$ ② $\dfrac{13}{7}=1\dfrac{6}{7}$
> ③ $\dfrac{24}{9}=2\dfrac{6}{9}$ ⑤ $\dfrac{34}{11}=3\dfrac{1}{11}$

98a~98b

1 29개

> **풀이** $4\dfrac{1}{7}=\dfrac{29}{7}$ 이고 $\dfrac{29}{7}$ 는 $\dfrac{1}{7}$ 이 29개인
> 수입니다.

2 61개

> **풀이** $6\dfrac{7}{9}=\dfrac{61}{9}$ 이고 $\dfrac{61}{9}$ 은 $\dfrac{1}{9}$ 이 61개인
> 수입니다.

3 ㉣

풀이 ㉠ $4\frac{2}{5}=\frac{22}{5}$ ㉡ $3\frac{1}{7}=\frac{22}{7}$

㉢ $10\frac{1}{2}=\frac{21}{2}$ ㉣ $5\frac{3}{4}=\frac{23}{4}$

4 $2\frac{7}{12}$

풀이 $\frac{\bigstar}{12}$ ➡ $\bigstar\div12=2\cdots7$ ➡ $2\frac{7}{12}$

5 10

풀이 $\frac{74}{9}=8\frac{2}{9}$ 이므로 ㉠은 8, ㉡은 2

➡ ㉠+㉡=8+2=10

6 $3\frac{5}{8}=\frac{3\times8+5}{8}=\frac{29}{8}$

$5\frac{3}{8}=\frac{5\times8+3}{8}=\frac{43}{8}$

$8\frac{3}{5}=\frac{8\times5+3}{5}=\frac{43}{5}$

7 $\frac{10}{9}$, $1\frac{1}{9}$

풀이 합이 19이고 차가 1인 두 수는 9, 10이고 가분수이므로 분자가 10, 분모가 9입니다.

1 <　　　**2** <

3 예

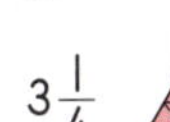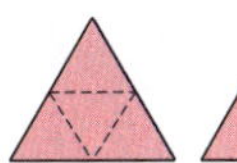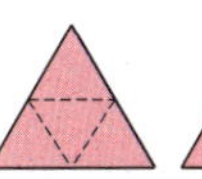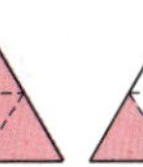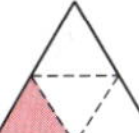

$3\frac{1}{4}$

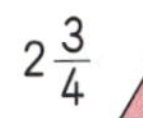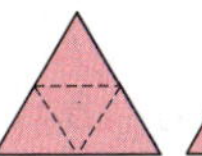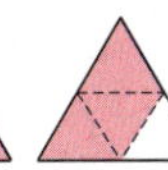

$2\frac{3}{4}$

 , >

4 <　　　**5** >, 5, 4

6 >, 2, 1　　　**7** <, 4, 2

1 $\frac{4}{5}$ 에 ○표

풀이 분자의 크기를 비교하면 4가 1보다 큽니다.

2 $\frac{14}{8}$ 에 ○표

풀이 분자의 크기를 비교하면 14가 9보다 큽니다.

3 $2\frac{3}{9}$ 에 ○표

풀이 자연수 부분의 크기를 비교하면 2가 1보다 큽니다.

4 $5\frac{12}{15}$ 에 ○표

풀이 분자의 크기를 비교하면 12가 7보다 큽니다.

5 $10\frac{6}{7}$ 에 ○표

풀이 분자의 크기를 비교하면 6이 4보다 큽니다.

6 >　　　**7** >

8 >　　　**9** <

10 <　　　**11** >

12 >　　　**13** <

14 <　　　**15** >

1

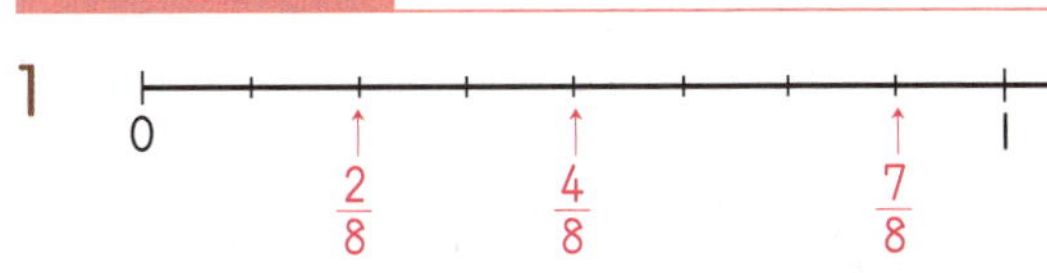

$\frac{7}{8}$, $\frac{4}{8}$, $\frac{2}{8}$

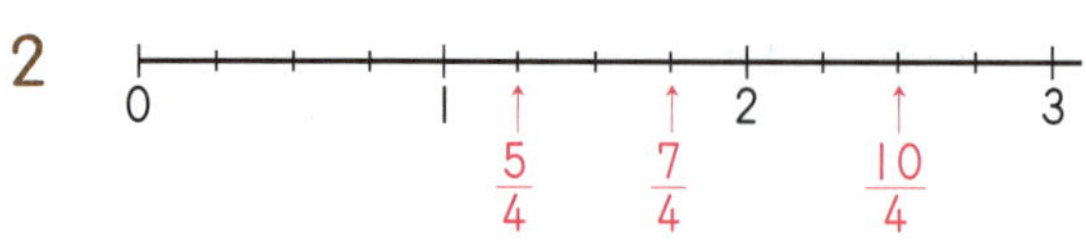

2

$$\frac{10}{4},\ \frac{7}{4},\ \frac{5}{4}$$

3

$$2\frac{4}{5},\ 2\frac{1}{5},\ 1\frac{2}{5}$$

4 ㉡, ㉣

5 1, 2, 3에 ○표

6 1, 2

> **풀이** 조건을 만족하려면 □<3이어야 하므로 □에 들어갈 수 있는 자연수는 1, 2입니다.

102a~102b

1 $\frac{3}{5},\ \frac{4}{5}$

> **풀이** 분모가 5인 진분수는 $\frac{1}{5},\ \frac{2}{5},\ \frac{3}{5},\ \frac{4}{5}$ 이고 이중에서 $\frac{2}{5}$ 보다 큰 수는 $\frac{3}{5},\ \frac{4}{5}$ 입니다.

2 $4\frac{4}{8},\ 4\frac{5}{8},\ 4\frac{6}{8}$

3 무콩네 집

> **풀이** $2\frac{4}{5}<3\frac{1}{5}$ 이므로 무콩네 집이 더 멉니다.

4 민성

> **풀이** $\frac{5}{6}<\frac{7}{6}$ 이므로 민성이가 더 오래 책을 읽었습니다.

5 다람이

> **풀이** $\frac{12}{7}>\frac{10}{7}$ 이므로 다람이가 도토리를 더 많이 모았습니다.

---

6 $1\frac{2}{5}m,\ 1\frac{3}{5}m$

> **풀이** 분모가 5인 대분수 중에서 $1\frac{1}{5}$ 보다 크고 $1\frac{4}{5}$ 보다 작은 수는 $1\frac{2}{5},\ 1\frac{3}{5}$ 입니다.

103a~103b 창의력 학습

a

b $\frac{8}{7}$

> **풀이** 합이 15이고 차가 1인 두 수는 7, 8이고 가분수는 분자가 분모와 같거나 큰 분수이므로 $\frac{8}{7}$ 입니다.

104a~105b 경시대회 예상문제

1 6개

> **풀이** $\frac{4}{5},\ \frac{4}{7},\ \frac{5}{7},\ \frac{4}{8},\ \frac{5}{8},\ \frac{7}{8}$ 의 6개입니다.

2 4개

> **풀이** $4\frac{1}{5},\ 4\frac{2}{5},\ 4\frac{3}{5},\ 4\frac{4}{5}$ 의 4개입니다.

3 $\dfrac{1}{9}, \dfrac{2}{8}, \dfrac{3}{7}, \dfrac{4}{6}$

[풀이] 합이 10이 되는 0이 아닌 두 수는 (1, 9), (2, 8), (3, 7), (4, 6), (5, 5)이고 진분수는 분자가 분모보다 작은 분수이므로 만들 수 있는 진분수는 $\dfrac{1}{9}, \dfrac{2}{8}, \dfrac{3}{7}, \dfrac{4}{6}$ 입니다.

4 $\dfrac{5}{5}, \dfrac{6}{5}, \dfrac{7}{5}, \dfrac{8}{5}, \dfrac{9}{5}, \dfrac{10}{5}$

[풀이] $2\dfrac{1}{5}=\dfrac{11}{5}$ 이므로

$\dfrac{11}{5}$ 보다 작고 분모가 5인 가분수는

$\dfrac{5}{5}, \dfrac{6}{5}, \dfrac{7}{5}, \dfrac{8}{5}, \dfrac{9}{5}, \dfrac{10}{5}$ 입니다.

5 $4\dfrac{9}{14}$

[풀이] 어떤 가분수는 $\dfrac{65}{14}$ 이고 이것을 대분수로 나타내면 $4\dfrac{9}{14}$ 입니다.

6 $3\dfrac{1}{2}$ L

[풀이] 일주일은 7일이므로 서연이가 마신 우유의 양은 $\dfrac{7}{2}$ L$=3\dfrac{1}{2}$ L입니다.

7 $\dfrac{7}{6}, \dfrac{9}{6}$

[풀이] $1\dfrac{4}{6}=\dfrac{10}{6}$ 이므로 $\dfrac{5}{6}$ 와 $\dfrac{10}{6}$ 사이에 있는 분수는 $\dfrac{7}{6}, \dfrac{9}{6}$ 입니다.

8 $2\dfrac{4}{8}$

[풀이] 가장 작은 대분수를 만들려면 자연수 부분이 가장 작은 수여야 하므로 자연수 부분이 2인 대분수를 만듭니다.

9 $4\dfrac{3}{8}=\dfrac{35}{8}$, $5\dfrac{1}{8}=\dfrac{41}{8}$ 이므로 □ 안에는 35보다 크고 41보다 작은 36, 37, 38, 39, 40이 들어갈 수 있습니다.
[답] 36, 37, 38, 39, 40

평가 기준	
상	대분수를 가분수로 고치고 □ 안에 들어갈 수를 바르게 구한 경우
중	대분수를 가분수로 고쳤으나 □ 안에 들어갈 수를 바르게 구하지 못한 경우
하	풀이와 답을 모두 구하지 못한 경우

10 ⑤

[풀이] ⑤ 분모가 8이면 $\dfrac{7}{8}$ 로 진분수가 됩니다.

11 $3\dfrac{3}{5}=\dfrac{18}{5}$ 이고 $\dfrac{18}{5}$ 은 $\dfrac{1}{5}$ 이 18개이므로 케이크는 18개까지 만들 수 있습니다.
[답] 18개

평가 기준	
상	대분수를 가분수로 고치고 케이크의 수를 바르게 구한 경우
중	대분수를 가분수로 고쳤으나 케이크의 수를 바르게 구하지 못한 경우
하	풀이와 답을 모두 구하지 못한 경우

12 4

[풀이] $\dfrac{65}{12}=5\dfrac{5}{12}$ 이므로 $5\dfrac{\square}{12}<5\dfrac{5}{12}$ 에서 □ 안에 들어갈 수 있는 수는 1, 2, 3, 4이고 그중 가장 큰 수는 4입니다.

13 $\dfrac{64}{13}$

[풀이] 4와 5 사이에 있는 분수 중 분모가 13인 가장 큰 대분수는 $4\dfrac{12}{13}$ 이므로 이것을 가분수로 나타내면 $\dfrac{64}{13}$ 입니다.

106a~109b

1 나, 다, 바, 사

2 다, 바

3 이등변삼각형

4 예

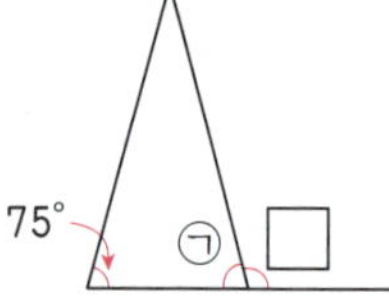

5 9

6 15cm

풀이 48－18＝30(cm)이고
(변 ㄱㄴ)＝(변 ㄱㄷ)이므로
(변 ㄱㄴ)＝30÷2＝15(cm)

7 105

풀이

이등변삼각형이므로 ㉠＝75°
□＝180°－75°＝105°

8 정삼각형

풀이 세 변의 길이가 모두 같은 삼각형을
그린 것이므로 정삼각형입니다.

9 36cm

풀이 정삼각형은 세 변의 길이가 같으므
로 12＋12＋12＝36(cm)

10 8cm

풀이 이등변삼각형의 세 변의 길이의 합
은 9＋9＋6＝24(cm)
정삼각형의 한 변의 길이는
24÷3＝8(cm)

11 9cm

풀이 (㉮의 세 변의 길이의 합)
＝5＋5＋5＝15(cm)
(㉯의 세 변의 길이의 합)
＝8＋8＋8＝24(cm)
두 정삼각형의 세 변의 길이의 합의 차는
24－15＝9(cm)입니다.

12 예각

풀이 90° 보다 작은 각이므로 예각입니다.

13 3개

풀이 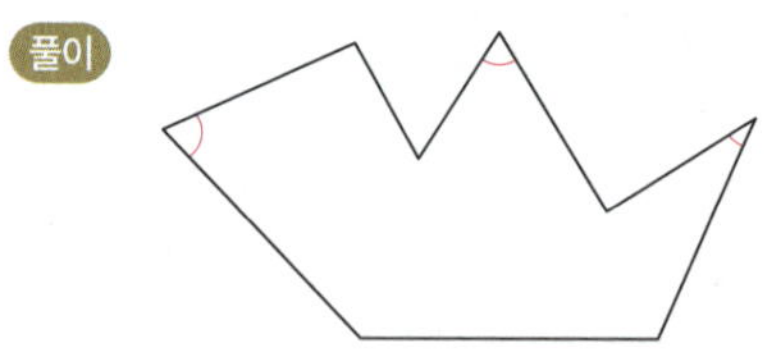

그림과 같이 도형 안에서 찾을 수 있는 예
각은 3개입니다.

14 ①, ⑤

풀이 둔각은 90° 보다 크고 180° 보다 작
은 각입니다.
① 85° 는 90° 보다 작으므로 예각이고
⑤ 180° 는 180° 보다 작지 않으므로 둔각
이 아닙니다.

15 ㉣

풀이 

16 5개

풀이 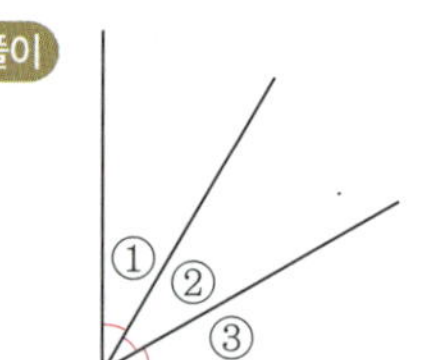

그림에서 예각인 것은 ①, ②, ③, ①＋②,
②＋③의 5개입니다.

17 둔각

풀이 ㉠＝180°－30°－45°＝105°
따라서 ㉠은 90° 보다 크고 180° 보다 작으
므로 둔각입니다.

18 3개

풀이 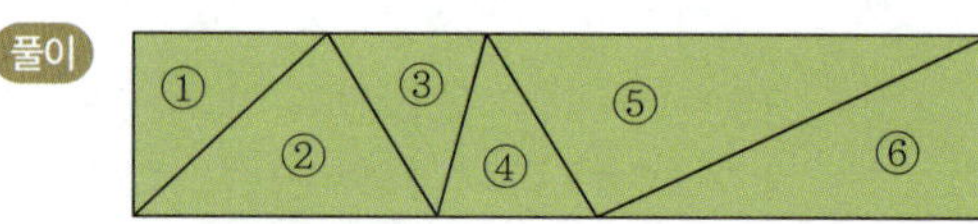

①, ⑥ : 직각삼각형

②, ③, ④ : 예각삼각형
⑤ : 둔각삼각형

19 ①, ③

풀이 두 변의 길이가 같으므로 이등변삼각형, 세 각이 모두 예각이므로 예각삼각형입니다.

20 ㉢

풀이 ㉢ 한 각이 둔각인 삼각형을 둔각삼각형이라고 합니다.
삼각형은 세 각의 크기의 합이 $180°$이므로 세 각이 모두 둔각일 수 없습니다.

21 예각삼각형

풀이 나머지 한 각의 크기는
$180° - 75° - 25° = 80°$
세 각이 모두 예각이므로 예각삼각형입니다.

22 ㉢

풀이 ㉠ 나머지 한 각의 크기가 $90°$이므로 직각삼각형
㉡ 나머지 한 각의 크기가 $45°$이므로 예각삼각형
㉢ 나머지 한 각의 크기가 $105°$이므로 둔각삼각형
㉣ 나머지 한 각의 크기가 $75°$이므로 예각삼각형

23 4개

풀이 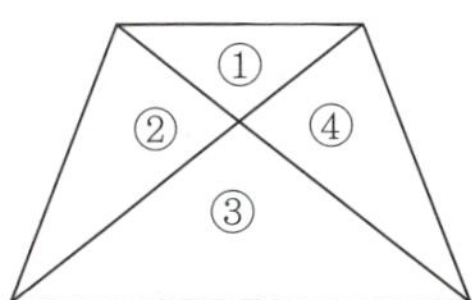

그림에서 예각삼각형은 ②, ④, ②＋③, ③＋④의 4개

24 4개

풀이 23번 풀이 그림에서 둔각삼각형은 ①, ③, ①＋②, ①＋④의 4개

110a~113b

1 (계산 순서대로) 8, 17, 17

2 ＞

풀이 $37 + 6 - 15 = 28$
$42 - 28 + 7 = 21$
➡ $28 > 21$

3 $3500 + 2500 - 4400 = 1600$

4 $64 ÷ 4 × 5 = 80$

5 ㉡

풀이 ㉠ $24 × 9 ÷ 6 = 216 ÷ 6 = 36$
㉡ $35 ÷ 7 × 8 = 5 × 8 = 40$
㉢ $16 × 6 ÷ 4 = 96 ÷ 4 = 24$
➡ ㉡ $40 >$ ㉠ $36 >$ ㉢ 24

6 $6 × 12 ÷ 8 = 9$, 9자루

풀이 연필 1타는 12자루입니다.
$6 × 12 ÷ 8 = 72 ÷ 8 = 9$

7 52

풀이 $46 + 5 × 7 - 29 = 46 + 35 - 29$
$= 81 - 29 = 52$

8 ÷, ＋

풀이 $54 ÷ 3 + 15 = 18 + 15 = 33$

9 $9 × 70 - 6 × 85 = 120$, 120회

풀이 $9 × 70 - 6 × 85$
$= 630 - 510 = 120$

10 ㉠

풀이 ㉠ $144 ÷ 4 × 2 = 36 × 2 = 72$
㉡ $144 ÷ (4 × 2) = 144 ÷ 8 = 18$
➡ ㉠ $72 >$ ㉡ 18

11 ②

풀이 ② $46 - (14 × 2)$에서 ( )가 없어도 뺄셈과 곱셈이 섞여 있는 식에서는 곱셈을 먼저 계산해야 하므로 계산 결과가 달라지지 않습니다.

12 $(6 + 24) ÷ (8 - 3) = 6$

13 ㉢

풀이 ㉠ $74-(34-17)=74-17=57$
㉡ $(49+7)\div4=56\div4=14$
㉢ $(18-9)\times7=9\times7=63$
➡ ㉢ $63>$ ㉠ $57>$ ㉡ 14

14 $18\times(14-9)=90$

15 **예** 사과가 24개 있습니다. 남학생 3명과 여학생 5명에게 똑같이 사과를 나누어 주면 한 사람이 몇 개씩 가지게 됩니까?

/ 3개

풀이 $24\div(3+5)=24\div8=3$

16 $135\div(3\times9)=5$, 5시간

풀이 한 사람이 한 시간 동안 3개를 조립할 수 있으므로 9명이 한 시간 동안 조립할 수 있는 로봇 인형은 3×9(개)입니다.
$135\div(3\times9)=135\div27=5$

17 ㉡, ㉢, ㉠, ㉣

18 $74-36\div\{(2+4)\times2\}=71$

19 $19+52\div4\times(12-9)=58$

20 97

풀이 $120-\{34+(18-15)\times4\}\div2$
$=120-\{34+3\times4\}\div2$
$=120-\{34+12\}\div2$
$=120-46\div2$
$=120-23=97$

21 4

풀이 $\{30-(\square+11)\}\times4=60$
$30-(\square+11)=15$
$\square+11=15$
$\square=4$

22 $>$

풀이 $72\div6+8\times4-21$
$=12+32-21=23$
$13+64\div8\times2-9$
$=13+16-9=20$
➡ $23>20$

23 $12\times3-(28\div4+8)=21$

24 $\{68+(25-15)\times2\}\div8=11$, 11

풀이 $\{68+(25-15)\times2\}\div8$
$=\{68+10\times2\}\div8$
$=\{68+20\}\div8$
$=88\div8=11$

114a~117b

1 ③

2 $\dfrac{1}{4}$, $\dfrac{2}{4}$, $\dfrac{3}{4}$

3 $3\dfrac{2}{6}$, $\dfrac{20}{6}$

4 $\dfrac{8}{9}$

풀이 합이 17이고 차가 1인 두 수는 8, 9이고 진분수는 분자가 분모보다 작은 분수이므로 $\dfrac{8}{9}$입니다.

5 $\dfrac{1}{2}$, $\dfrac{1}{3}$, $\dfrac{2}{3}$, $\dfrac{1}{4}$, $\dfrac{2}{4}$, $\dfrac{3}{4}$

풀이 분모가 2인 진분수 : $\dfrac{1}{2}$

분모가 3인 진분수 : $\dfrac{1}{3}$, $\dfrac{2}{3}$

분모가 4인 진분수 : $\dfrac{1}{4}$, $\dfrac{2}{4}$, $\dfrac{3}{4}$

6 $\dfrac{10}{8}$, $\dfrac{13}{8}$

7 $\dfrac{4}{2}$, $\dfrac{7}{2}$, $\dfrac{7}{4}$

풀이 분모가 2일 때 : $\dfrac{4}{2}$, $\dfrac{7}{2}$

분모가 4일 때 : $\dfrac{7}{4}$

8 ⑤

풀이 분모는 분자인 4와 같거나 작아야 합니다.

9 $1\frac{5}{6}$

풀이 큰 눈금 한 칸을 6등분하였으므로 작은 눈금 한 칸의 크기는 $\frac{1}{6}$ 입니다.

10 7개

풀이 $6\frac{1}{8}$, $6\frac{2}{8}$, $6\frac{3}{8}$, $6\frac{4}{8}$, $6\frac{5}{8}$, $6\frac{6}{8}$, $6\frac{7}{8}$ 의 7개입니다.

11 $4\frac{2}{8} = \frac{4\times8+2}{8} = \frac{34}{8}$

12 ⑤

풀이 ① $\frac{9}{4}$ ➡ $9\div4=2\cdots1$ ➡ $2\frac{1}{4}$

② $\frac{12}{7}$ ➡ $12\div7=1\cdots5$ ➡ $1\frac{5}{7}$

③ $\frac{33}{5}$ ➡ $33\div5=6\cdots3$ ➡ $6\frac{3}{5}$

④ $\frac{7}{2}$ ➡ $7\div2=3\cdots1$ ➡ $3\frac{1}{2}$

⑤ $\frac{25}{12}$ ➡ $25\div12=2\cdots1$ ➡ $2\frac{1}{12}$

13 ( ) ( ) ( ) (◯)

풀이 $5\frac{1}{4} = \frac{5\times4+1}{4} = \frac{21}{4}$

14
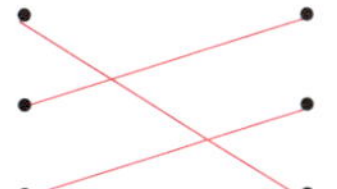

15 79

풀이 $8\frac{7}{9} = \frac{8\times9+7}{9} = \frac{79}{9}$

16 $\frac{23}{6}$, $3\frac{5}{6}$

풀이 가분수의 분자는 $6\times3+5=23$이므로 이 가분수는 $\frac{23}{6}$이고 이것을 대분수로 나타내면 $3\frac{5}{6}$입니다.

17 ㉢

풀이 ㉠ $3\frac{6}{7} = \frac{27}{7}$ ㉡ $5\frac{3}{5} = \frac{28}{5}$

㉢ $7\frac{2}{3} = \frac{23}{3}$ ㉣ $4\frac{5}{6} = \frac{29}{6}$

분자의 크기를 비교하면
➡ ㉢ $23 <$ ㉠ $27 <$ ㉡ $28 <$ ㉣ 29

18 19개

풀이 $4\frac{3}{4} = \frac{19}{4}$이므로 $\frac{1}{4}$이 19개입니다.

19 예

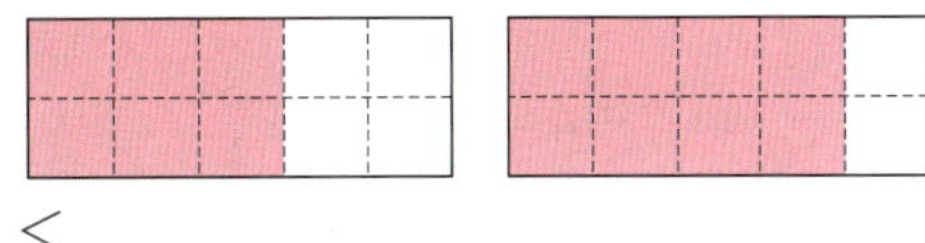

$<$

20 $>$

풀이 자연수 부분의 크기를 비교하면 $5>4$입니다.

21 ④

22 4

풀이 $\frac{54}{12} = 4\frac{6}{12}$이므로 $\square\frac{5}{12} < 4\frac{6}{12}$에서 $\square$ 안에 들어갈 수 있는 수는 1, 2, 3, 4 입니다.

23 $5\frac{6}{8}$, $5\frac{7}{8}$

24 $\frac{8}{3}$, $2\frac{2}{3}$

풀이 가장 큰 가분수는 분자는 가장 크고 분모는 가장 작은 수로 만듭니다.

a 미류 : 예

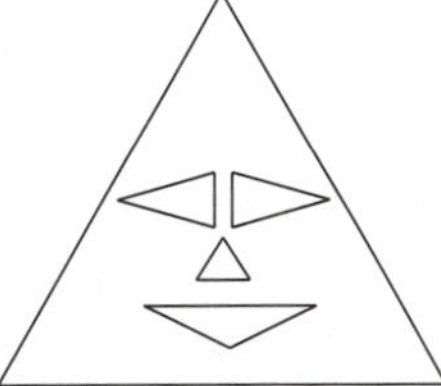

석우 : 예

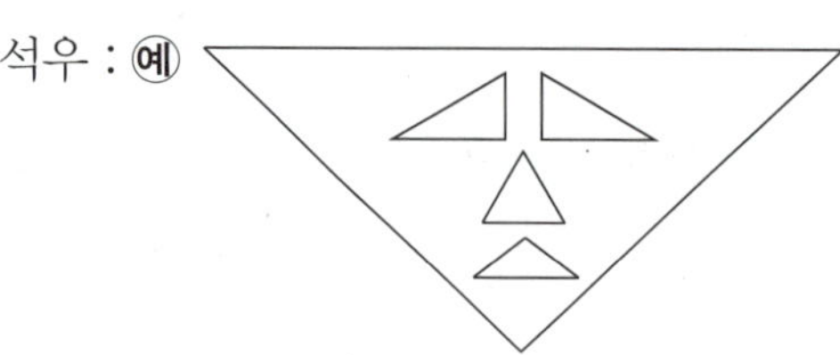

b 초록색 색종이

풀이 $\dfrac{7}{5}$ ➡ $7\div5=1\cdots2$ ➡ $1\dfrac{2}{5}$

$\dfrac{7}{6}$ ➡ $7\div6=1\cdots1$ ➡ $1\dfrac{1}{6}$

$\dfrac{11}{8}$ ➡ $11\div8=1\cdots3$ ➡ $1\dfrac{3}{8}$

$\dfrac{7}{4}$ ➡ $7\div4=1\cdots3$ ➡ $1\dfrac{3}{4}$

따라서 도토리를 먹을 수 없는 다람쥐는 $1\dfrac{3}{5}$이 쓰여진 초록색 색종이를 들고 있는 다람쥐입니다.

119a~120b 경시대회 예상문제

1 30cm

풀이 나머지 한 변의 길이는 11cm이므로 세 변의 길이의 합은
$11+11+8=30$(cm)입니다.

2 52cm

풀이 가의 길이가 같은 두 변은 각각
$(20-8)\div2=6$(cm)이고
나의 네 변의 길이의 합은 6cm짜리 변 2개와 8cm짜리 변 5개의 합이므로
$6\times2+8\times5=52$(cm)입니다.

3 27cm

풀이 이 도형의 둘레는 작은 정삼각형의 한 변이 6개 모여 이루어졌으므로 작은 정삼각형의 한 변의 길이는
$54\div6=9$(cm)이고
작은 정삼각형 한 개의 세 변의 길이의 합은 $9\times3=27$(cm)입니다.

4 예각

풀이 오전 10시 10분의 2시간 45분 후의 시각은 12시 55분입니다.

그림에서 작은 쪽의 각은 90°보다 작으므로 예각입니다.

5 10

풀이 $9☆\square=9\times\square-9=81$
$9\times\square=90$, $\square=10$

6 야구공 3개의 무게가 $(1650-1200)$g이므로 야구공 한 개의 무게는
$(1650-1200)\div3=150$(g)
빈 상자의 무게는
$1200-150\times6=300$(g)
[답] 300g

평가 기준	
상	야구공 한 개의 무게를 구하고 빈 상자의 무게를 구한 경우
중	야구공 한 개의 무게는 구했으나 빈 상자의 무게를 구하지 못한 경우
하	풀이와 답을 모두 구하지 못한 경우

7 예 $8\times(7+4)-3\div1=85$

풀이 곱하거나 더하는 수는 클수록, 나누거나 빼는 수는 작을수록 결과가 커집니다.

8 6, 6

풀이 $\dfrac{45}{\square}=7\dfrac{3}{\square}$ 에서
$\square=(45-3)\div7=6$

9 $5\dfrac{1}{4}$ L

풀이 3주일은 21일이므로 기광이가 마신 우유는 $\dfrac{21}{4}$ L입니다.

10 4와 5 사이에 있는 분수 중에서 분모가 15인 대분수는 $4\dfrac{1}{15}$, $4\dfrac{2}{15}$, $\cdots$, $4\dfrac{13}{15}$, $4\dfrac{14}{15}$ 입니다. 이 중 가장 큰 대분수 $4\dfrac{14}{15}$를 가

분수로 나타내면 $\frac{74}{15}$ 입니다.

[답] $\frac{74}{15}$

평가 기준	
상	4와 5 사이에 있는 분모가 15인 대분수 중 가장 큰 대분수를 구하고 그 대분수를 가분수로 바르게 고친 경우
중	4와 5 사이에 있는 분모가 15인 대분수들은 구했으나 가장 큰 대분수를 가분수로 고치지 못한 경우
하	풀이와 답을 모두 구하지 못한 경우

11 $\frac{9}{18}$

〔풀이〕 합이 27이고 한 수가 다른 수의 2배인 두 수는 9, 18입니다. 진분수는 분자가 분모보다 작은 분수이므로 $\frac{9}{18}$ 입니다.

12 5가지

〔풀이〕 만들 수 있는 가분수는
$\frac{5}{5}, \frac{7}{5}, \frac{9}{5}, \frac{11}{5}, \frac{12}{5}, \frac{14}{5}, \cdots$ 이고 이중에서 $\frac{14}{5}$ 보다 작은 경우는 $\frac{5}{5}, \frac{7}{5}, \frac{9}{5}, \frac{11}{5}, \frac{12}{5}$ 의 5가지입니다.

H2 성취도 테스트

1 나, 라 / 나

2 80

〔풀이〕 (각 ㄴㄱㄷ)=(각 ㄴㄷㄱ)=40°
(각 ㄱㄴㄷ)=180°−40°−40°=100°
㉠=180°−100°=80°

3 180

〔풀이〕 정삼각형이므로 ㉡=60°
각 ㄹㅂㅁ의 크기도 60°이므로
㉢=180°−60°=120°
따라서 ㉡+㉢=60°+120°=180°

4 48cm

〔풀이〕 만들어진 이등변삼각형은 다음과 같습니다.

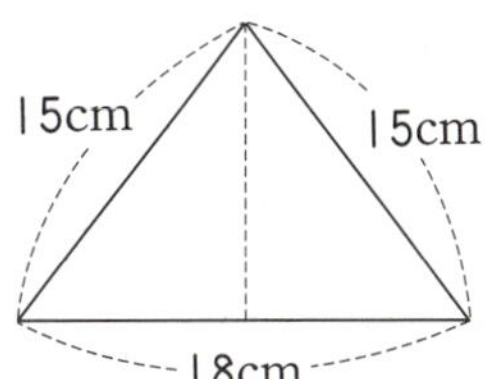

따라서 (세 변의 길이의 합)=15+15+18=48(cm)입니다.

5 2개

〔풀이〕

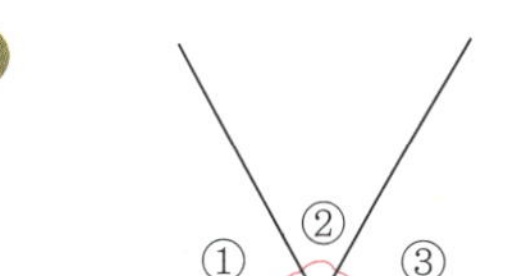

그림에서 둔각을 찾아보면 ①+②, ②+③의 2개입니다.

6 ㉠, ㉢, ㉣

〔풀이〕

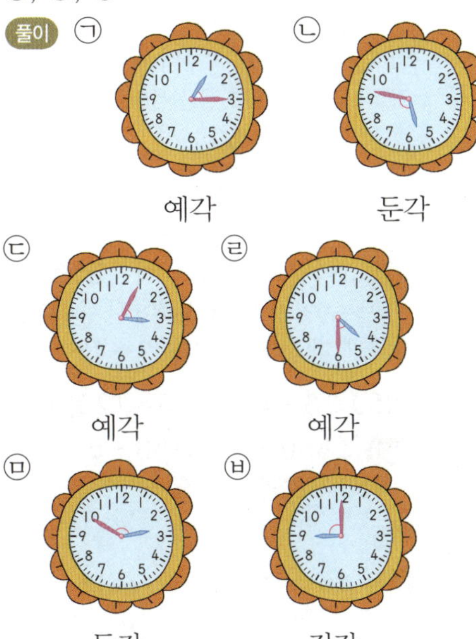

7 가, 나, 라 / 다

8 6개

〔풀이〕

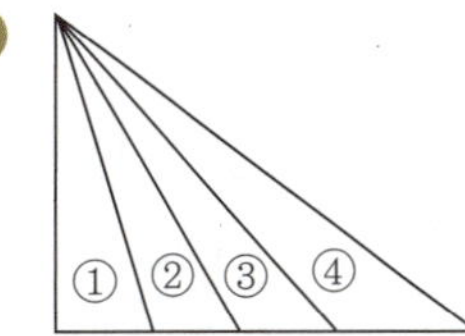

둔각삼각형은 ②, ③, ④, ②+③, ③+④, ②+③+④의 6개입니다.

9 ㉢

풀이 계산 순서 : ㉢→㉡→㉣→㉤→㉠

10 $\{16+(46-6)\div8\}\times3-13\times4=11$

11 ②

풀이
① $5\times6\div10\times9$
$=30\div10\times9$
$=3\times9=27$
② $80-31+49\div7$
$=80-31+7$
$=49+7=56$
③ $40-77\div(4+7)$
$=40-77\div11$
$=40-7=33$
④ $60\div\{(15-9)\times6-24\}$
$=60\div\{6\times6-24\}$
$=60\div\{36-24\}$
$=60\div12=5$
⑤ $\{21-(7+4)\}\div(11-6)+50$
$=\{21-11\}\div5+50$
$=10\div5+50$
$=2+50=52$

12 18

풀이 (어떤 수)$\times9+15=258$
(어떤 수)$\times9=243$, (어떤 수)$=27$
바르게 계산하면 $27\div9+15=18$

13 $2850\div3-4150\div5=120$, 120원

풀이 $2850\div3-4150\div5$
$=950-830=120$

14 175

풀이 $16☆9=(16+9)\times(16-9)$
$=25\times7=175$

15 $5\dfrac{3}{8}$

풀이 합이 11이고 차가 5인 두 수는 3, 8입니다. 따라서 자연수가 5인 조건을 만족하는 대분수는 $5\dfrac{3}{8}$입니다.

16 $4\dfrac{3}{13}$

풀이 가분수의 분자는 $4\times13+3=55$이므로 가분수 $\dfrac{55}{13}$를 대분수로 나타내면 $4\dfrac{3}{13}$입니다.
또는 가분수의 분자를 분모로 나눈 몫이 대분수의 자연수, 나머지가 대분수의 분자가 되므로 구하는 대분수는 $4\dfrac{3}{13}$입니다.

17 $\dfrac{19}{3}$, $6\dfrac{1}{3}$

풀이 분자는 가장 크고 분모는 가장 작게 만듭니다.

18 $9\dfrac{5}{7}$, $\dfrac{68}{7}$

풀이 자연수 부분이 클수록 큰 대분수이므로 자연수 부분은 9가 됩니다.

19 $\dfrac{14}{10}$m, $\dfrac{15}{10}$m, $\dfrac{16}{10}$m

풀이 $1\dfrac{7}{10}=\dfrac{17}{10}$이므로 $\dfrac{13}{10}<\dfrac{\square}{10}<\dfrac{17}{10}$을 만족하는 $\square$는 14, 15, 16이고 성희의 테이프의 길이가 될 수 있는 것은 $\dfrac{14}{10}$m, $\dfrac{15}{10}$m, $\dfrac{16}{10}$m입니다.

20 $\dfrac{11}{5}$, $\dfrac{12}{5}$, $\dfrac{13}{5}$, $\dfrac{14}{5}$

풀이 $2(=\dfrac{10}{5})<\dfrac{\square}{5}<3(=\dfrac{15}{5})$을 만족하는 $\square$는 11, 12, 13, 14입니다.